実践のための
基礎統計学

下川敏雄

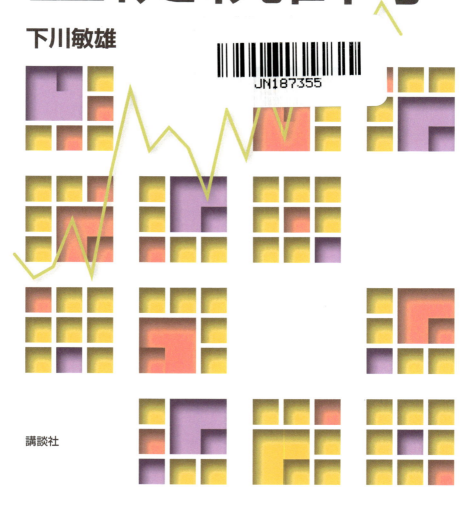

講談社

まえがき

近年の情報化技術などの進歩によって，われわれは，多くの「データ」を手に入れることができるようになり，本邦でも「ビッグデータ」の呼称で，その活用が注目されている．また，医療，経営，経済，行政などにおいても，「エビデンス」(科学的根拠) のある行動や政策が求められるようになり，経験ではなく，「データ」に基づいて意思決定を行うことが必要な状況にある．この「エビデンス」を築くうえで「データ」を活用することは重要であり，その担い手として注目されているのが統計学者およびデータサイエンティストである．

Google のチーフエコノミスト Hal Varian 氏が，New York Times のなかで統計学者を"The Sexy job"と述べ，Thomas H. Davenport 氏は Harvard Business Review のなかでデータサイエンティストを"The Sexiest Job of the 21st Century (21 世紀で最も魅力的な職業)"と述べている．それらが話題になったことを記憶している人もいるだろう．医師，弁護士，あるいは公認会計士などと異なり，統計学者あるいはデータサイエンティストには，画一的な資格制度は存在しない．ただし，その根幹となる重要な学問領域が「統計学」であることは周知の事実である．統計学に対するニーズは，グローバルに高まっている．

統計学に対するニーズの高まりとともに，統計学の知識と応用に関する認定制度として，本邦では，日本統計学会公式認定，総務省後援のもと，一般社団法人統計質保証推進協会が「統計検定」を実施している．統計検定の受験者は，回を重ねるごとに増加しており，認知度も上昇傾向にある．統計検定には，1 級，準 1 級，2 級，3 級，4 級があり，その他の認定として，統計調査士，専門統計調査士などが設けられている．

本書は，著者が前職の山梨大学生命環境学部において，統計学の講義を担当していたときの講義資料をもとに作成している．したがって，大学教養課程の統計学の教科書として使われることを想定しており，1 章分が，ほぼ 1 講義に相当する (第 7 章は内容が豊富なため，2 回程度に分かれるかもしれない)．また，山梨大学生命環境学部が文理融合学部であったことから，講義では，文系，理系の両学生に統計的エッセンスを理解してもらう必要があった．そのために，数理的な内容は，極力省くことにつとめている．

統計学を学習するうえで，目標 (適切なゴール) が必要であると考え，本書では統計検定 2 級と 3 級をその目標に設定している．本書の内容および問題は，

それらの合格水準，すなわち，

- 2級：大学基礎課程としての統計学の知識と問題解決能力．
- 3級：データの分析において重要な概念を身につけ，身近な問題に活かす力．

を基準にしている (2級を目指すには，本書の内容に加えて時系列分析などの学習が必要である)．

第1章および第2章では，記述統計学および統計グラフの作成の方法について述べている．これらの方法は，統計的データ解析の初期段階 (IDA; Initial Data Analysis) において重要な役割を占めており，統計検定3級の中心的な内容になっている．

第3章および第4章では，第5章以降の推測統計学の基礎となる，確率の基本的概念，および確率分布について触れている．これらの章は，ほかの章に比べて若干，数理的な内容になっているが，後続の章を理解するうえで重要な部分も多いため，乗り越えていただきたい．

第5章から第8章では，統計的推測，とくに，推定と検定の方法について述べている．統計学の教科書では，データの形式別に扱うこともあるが，本書では，1標本の場合と2標本の場合に分けている．また，推定の考え方，検定の考え方について，1標本の場合のなかで，詳細に説明している．

第9章および第10章では，2変数の関係として，相関分析，および単回帰分析について述べている．これらの方法は，推定や検定とともに，統計学の中核を担う手法であり，その用途も幅広い．

第11章では本書の総合的な演習を行っている．

本書の作成にあたり，講談社サイエンティフィクの瀬戸晶子様には，著者の執筆の遅れで迷惑をかけただけでなく，粗い原稿を入念に点検いただいた．また，山梨大学生命環境学部地域社会システム学科の諸先生には，本書の構成に関して，様々な動機づけを頂いた．さらに，和歌山県立医科大学臨床研究センターのスタッフの方々には，執筆のため，停滞気味になった業務に関してフォローしていただいた．その他にも，本書の執筆において，多くの方々に援助いただいた．ここに御礼を申し上げたい．

最後に，本書の執筆において，著者の健康を気遣い，支えてくれた妻に感謝し，まえがきの結びに代える．

2016年9月　　　　　　　　　　　　　　　　　　　　　　　　　下川 敏雄

実践のための基礎統計学　目次

まえがき iii

第1章　記述統計学(1)：データの要約 ... 1

1.1 統計学におけるデータのとり扱い ... 1
1.2 量的変数の要約 ... 2
1.2.1 位置を表す指標 ... 3
1.2.2 散らばり表す指標 ... 6
1.2.3 標準化 ... 11
1.2.4 変動係数 ... 12
1.3 章末問題 ... 13
1.4 付録：総和 Σ の略説 ... 15

第2章　記述統計学(2)：度数分布表と統計グラフ ... 16

2.1 度数分布表 ... 16
2.1.1 質的変数における度数分布表 ... 16
2.1.2 量的変数における度数分布表 ... 18
2.2 基本的な統計グラフ ... 20
2.2.1 棒グラフ ... 20
2.2.2 折れ線グラフと変化に関する指標 ... 21
2.2.3 円グラフ ... 23
2.2.4 帯グラフ ... 24
2.3 ヒストグラム ... 25
2.3.1 ヒストグラムの描画方法と解釈 ... 25
2.3.2 ヒストグラムの解釈における留意点 ... 27
2.3.3 最頻値 ... 28
2.4 ボックスプロット ... 29
2.4.1 ボックスプロットの構成方法 ... 29
2.4.2 ボックスプロットの解釈 ... 31
2.5 散布図 ... 31
2.6 章末問題 ... 35

第3章　確率の基礎 ... 39

3.1 確率の定義 ... 39
3.2 積事象と和事象 ... 41
3.2.1 独立事象での積事象の確率 ... 42
3.2.2 排反での和事象の確率 ... 42

- **3.3 条件付き確率** 43
- **3.4 ベイズの定理** 44
- **3.5 章末問題** 46

第4章 確率分布 48

- **4.1 確率変数と確率分布** 48
  - 4.1.1 確率変数 48
  - 4.1.2 離散型確率分布 48
  - 4.1.3 連続型確率分布 52
  - 4.1.4 チェビシェフの不等式と大数の法則 56
- **4.2 代表的な離散型確率分布** 58
  - 4.2.1 2項分布 58
  - 4.2.2 ポアソン分布 60
- **4.3 代表的な連続型確率分布** 62
  - 4.3.1 正規分布 62
  - 4.3.2 正規分布表の利用方法 63
  - 4.3.3 中心極限定理 66
- **4.4 章末問題** 68
- **4.5 付録：順列および組み合わせの略説** 69
  - 4.5.1 順列 69
  - 4.5.2 並べ替え 70

第5章 統計的推測の導入・統計的推定 71

- **5.1 母集団と標本** 71
- **5.2 研究デザインと無作為化の方法** 72
  - 5.2.1 研究の種類とデザイン 72
  - 5.2.2 フィッシャーの3原則 73
  - 5.2.3 無作為化の方法 73
- **5.3 統計的推定の方法** 75
  - 5.3.1 統計的推定の考え方 76
  - 5.3.2 区間推定の概要 78
  - 5.3.3 母比率の推定 80
  - 5.3.4 母平均の推定 81
  - 5.3.5 母分散の推定 85
- **5.4 章末問題** 88

第6章 1標本における仮説検定 90

- **6.1 仮説検定の考え方** 90

		6.1.1 帰無仮説と対立仮説	90
		6.1.2 検定統計量と帰無分布	91
		6.1.3 第 1 種の過誤と第 2 種の過誤	93
		6.1.4 仮説検定の流れ	95
	6.2	**1 標本における統計的検定の方法**	97
		6.2.1 母比率の検定	97
		6.2.2 母平均の検定	100
		6.2.3 母分散の検定	105
	6.3	**章末問題**	108

第 7 章 　2 標本における統計的推測 　110

7.1	**2 標本における統計的推測の考え方**	110
	7.1.1　2 つの母集団のパラメータに対する推測の問題	110
	7.1.2　正規母集団における研究の形式：対応があるデータと対応がないデータ	111
7.2	**2 標本における統計的推測の方法**	113
	7.2.1　母比率の差に対する統計的推測	113
	7.2.2　対応がある場合の母平均に対する統計的推測	117
	7.2.3　母分散が既知である場合の母平均の差の統計的推測	121
	7.2.4　母分散が未知で等分散である場合の母平均の差の統計的推測	124
	7.2.5　母分散が未知で不等分散である場合の母平均の差の統計的推測	128
	7.2.6　等分散性に対する統計的推測	134
7.3	**章末問題**	139

第 8 章 　クロス集計表に基づく統計的推測 　141

8.1	**クロス集計表**	141
	8.1.1　クロス集計表と相対度数のとり方	141
	8.1.2　多重クロス集計表と第 3 の変数	144
8.2	**カイ 2 乗検定**	152
	8.2.1　2×2 クロス集計表でのカイ 2 乗検定	152
	8.2.2　$k \times l$ クロス集計表でのカイ 2 乗検定	154
8.3	**クロス集計表の要約**	157
	8.3.1　連関関係を要約するための指標	157
	8.3.2　2×2 クロス集計表の要約：オッズ比とオッズ比に対する統計的推測	158
8.4	**章末問題**	160

第 9 章 　相関分析 　162

9.1	**共分散**	162
9.2	**相関係数**	166

- 9.2.1 相関係数の定義 ... 166
- 9.2.2 相関係数の注意点 ... 168
- 9.2.3 標準化したときの共分散と相関係数 ... 169
- 9.2.4 擬似相関関係 ... 170
- 9.2.5 偏相関係数 ... 171
- **9.3 相関係数に関する統計的推測** ... 172
  - 9.3.1 無相関性の検定 ... 172
  - 9.3.2 母相関係数の差の検定 ... 173
  - 9.3.3 母相関係数に対する区間推定 ... 175
- **9.4 章末問題** ... 177

第 10 章 単回帰分析 ... 179

- **10.1 回帰分析とは何か** ... 179
  - 10.1.1 回帰分析の考え方 ... 179
  - 10.1.2 単回帰分析における回帰係数の推定 ... 180
- **10.2 回帰直線の適合度の評価** ... 184
  - 10.2.1 寄与率 ... 184
  - 10.2.2 回帰分析における分散分析 (F 検定) ... 186
- **10.3 回帰係数に対する区間推定** ... 187
  - 10.3.1 切片 β_0 に対する区間推定 ... 188
  - 10.3.2 傾き β_1 に対する区間推定 ... 189
- **10.4 回帰係数に対する検定** ... 190
  - 10.4.1 切片 β_0 に対する検定 ... 190
  - 10.4.2 傾き β_1 に対する検定 ... 191
- **10.5 章末問題** ... 193

第 11 章 総合演習 ... 194

章末問題の解答 ... 197

総合演習の解答 ... 217

- 付表 1 標準正規分布の上側確率 ... 223
- 付表 2 t 分布のパーセント点 ... 224
- 付表 3 カイ 2 乗分布のパーセント点 ... 225
- 付表 4 F 分布のパーセント点 ... 226

索引 ... 228

1 記述統計学(1)：データの要約

●本章の目標●

1. 変数の形式について理解する．
2. 位置およびばらつきを表す指標について理解する．
3. 標準化の方法とその意味を理解する．

本章では，統計学の出発点として，平均値，中央値，分散あるいは標準偏差といったデータを要約するための指標について述べる．

1.1 統計学におけるデータのとり扱い

ある食品企業が新商品のヨーグルト「ヨーグ」に対して，購入者に次のようなアンケート調査を行った．

新商品「ヨーグ」に対する消費者アンケート

問1：あなたの性別に〇をつけてください．

     1. 男性   2. 女性

問2：あなたの血液型に〇をつけてください．

  1. A型 2. B型 3. AB型 4. O型

問3：あなたの年齢をお教えください．

      [ ] 歳

問4：今日の気温をお教えください．

      [ ] ℃

問5：「ヨーグ」を食べた感想として，あてはまるものに〇をつけてください．

不満	やや不満	どちらでもない	やや満足	満足
1	2	3	4	5

このとき，調査項目のことを**変数**といい，各購入者のデータを**個体**という．このとき，個体の総数を**標本サイズ**(**サンプルサイズ**，**個体数**) という．つまり，今回は標本サイズが 100 個の個体が存在することになる．

変数は，**量的変数**と**質的変数**に大別される．量的変数とは，今回のアンケート調査で年齢 (問 3) と気温 (問 4) に該当するような，少なくとも個体間の差に意味があるような変数を指す．いいかえれば，量的変数とは変数の値の大きさ (量) が意味をもつ変数である．一方で，質的変数とは，今回のアンケート調査で性別 (問 1)，血液型 (問 2)，5 段階評価 (問 5) に該当するような変数間の差に意味がないようなデータを指す．いいかえれば，変数の値の大きさが意味をもたない変数である．

量的変数は，データの形式によって**間隔尺度**と**比例尺度**に分かれる．間隔尺度とは，値の比が意味をもたない変数を表し，気温 (問 4) が該当する．たとえば，購入者 A さんの調査時の気温が -3°C で，購入者 B さんの調査時の気温が 12°C だったとする．このとき，A さんの解答時の気温と B さんの解答時の気温について，その違いを $-3/12$ で表すことはできない．これに対して，比例尺度とは，値の比が意味をもつ変数を表し，年齢 (問 3) が該当する．たとえば，A さんの年齢が 40 歳で，B さんの年齢が 20 歳だったとする．このとき，A さんと B さんの年齢の違いを $40/20 = 2.0$ で表すことで，「A さんは B さんの 2 倍生きている」と解釈できる．

質的変数は，データの形式によって**名義尺度**と**順序尺度**に分かれる．名義尺度とは，カテゴリに順序関係が存在しない変数を表し，性別 (問 1) および血液型 (問 2) が該当する．また，性別は男性，女性のいずれかしかとらないため，2 値変数と呼ぶことがある．これに対して，血液型は A 型，B 型，AB 型，O 型の 4 個の選択肢が存在するため，多値変数と呼ぶことがある．これら名義尺度に対して，順序尺度とは，カテゴリに順序関係が存在する変数を表す．5 段階評価 (問 5) では，1 (不満) と回答した購入者よりも 4 (やや満足) と回答した購入者のほうが商品に満足している．したがって，5 段階評価 (問 5) は，順序尺度である．

1.2 量的変数の要約

新商品のヨーグルト「ヨーグ」のアンケート調査が，10,000 名の購入者を対象として実施された場合，すべての調査票に目を通して，その傾向を捉えるこ

表 1.1　Y 大学の 7 名の学生の身体測定における体重

ID	名前	体重 (kg)
1	A さん	54
2	B さん	67
3	C さん	66
4	D さん	62
5	E さん	58
6	F さん	59
7	G さん	61

とはほぼ不可能である．そのため，統計学では，要約指標を用いて，データの傾向を捉える．さまざまな要約指標のなかから，本章では，「平均的にどのような値をとるか」を表す指標 (位置を表す指標) と「データがどれぐらい散らばっているか」を表す指標 (散らばりを表す指標) について解説する．

1.2.1　位置を表す指標

位置を表す指標の代表的なものに，平均値，中央値，そして最頻値がある．ここでは，平均値および中央値について解説し，最頻値については第 2 章で触れる．

(a)　平均値

平均値 (相加平均，算術平均) は，日常生活においても一般的に用いられている指標の 1 つであり，統計学においても重要である．いま，Y 大学で身体測定が行われたとする．表 1.1 は，そのなかの 7 名の体重を表している．このとき，7 名の平均値 $\bar{x}$ は，

$$\bar{x} = \frac{54+67+66+62+58+59+61}{7} = \frac{427}{7} = 61$$

である．数式を用いて平均値を定義すると以下のようになる．

> ❖ **平均値の定義**
>
> いま，n 個の個体 $x_1, x_2, \ldots, x_n$ が与えられたとき，平均値 $\bar{x}$ は
>
> $$\bar{x} = \frac{x_1 + x_2 + \cdots + x_n}{n} = \frac{1}{n}\sum_{i=1}^{n} x_i$$
>
> で与えられる．ここで，$\sum$ は総和を表す演算記号である (1.4 節を参照)．

ちなみに，平均値と各個体の差をとって合計すると $(54-61)+(67-61)+\cdots+(59-61)=0$ になる．すなわち，平均値とはデータの重心を表している．

(b) 中央値

表1.1の身体測定における体重のデータをグラフで表したものが，図1.1(a)である．データの重心を表す平均値は真ん中あたりを表しており，平均値が全体を代表する値であることがわかる．図1.1(b)は，Gさん(61kg)の代わりに巨漢のHさん(124kg)が入った場合である．このとき，平均値は70(kg)となるが，Hさん以外に，平均値よりも重い学生(個体)は存在しない．このように，飛び抜けた値のことを**外れ値**という．外れ値が存在する場合に，平均値が全体を代表する値といえるかは疑問である．

外れ値が存在する場合に，位置を代表する指標として用いられるのが**中央値**(**メジアン**) である (中央値の利用は外れ値が存在する場合のみではないが，それについては第2章で触れる)．中央値とは，データを小さい順に並べ替えたときの，真ん中の値である．定義を以下に示す．

> ❖ 中央値の定義
>
> いま，n 個の個体 $x_1, x_2, \ldots, x_n$ が与えられたとき，小さい順に並べ替えられたものを $x_{(1)} \leq x_{(2)} \leq \cdots \leq x_{(n)}$ で表す．このとき，中央値の順位は
> $$m = \frac{n}{2} + 0.5$$
> である．m の整数部分を m^- とするとき (n が奇数の場合には小数点以下が存在しないため $m = m^-$)，中央値 $\tilde{x}$ は
> $$\tilde{x} = \begin{cases} x_{(m)}, & n \text{ が奇数の場合}, \\ \frac{1}{2}\left(x_{(m^-)} + x_{(m^-+1)}\right), & n \text{ が偶数の場合} \end{cases}$$
> で与えられる．

表1.1の身体測定における体重のデータを小さい順に並べ替えると，

$$54 \quad 58 \quad 59 \quad 61 \quad 62 \quad 66 \quad 67$$

となる．標本サイズ n は $n = 7$ なので，中央値の番号 m は

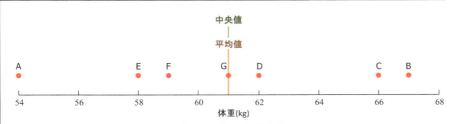

(a) 表1.1をグラフ表示した場合

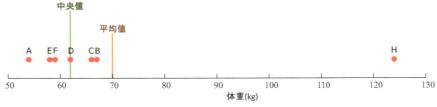

(b) 表1.1のGさんをHさんに変更した場合

図1.1 7名の学生の身体測定における体重のデータに対するグラフ表現

$$\frac{7}{2} + 0.5 = 4$$

である．よって，中央値 $\tilde{x}$ は，$\tilde{x} = 61$ である．

また，GさんをHさんに変更した場合に，データを小さい順に並べ替えると，

$$54 \quad 58 \quad 59 \quad 62 \quad 66 \quad 67 \quad 124$$

となる．中央値の番号 m は先ほどと同じ $m = 4$ なので，GさんをHさんに変更した場合の中央値は $\tilde{x} = 62$ である．

外れ値が存在しない場合のデータでは，平均値と中央値が同じであり，中心付近にあった(図1.1(a))．したがって，平均値および中央値は位置を代表しているといえる．これに対して，外れ値が存在する場合(GさんをHさんに変更した場合)には，中央値のほうが平均値よりも低いものの，データの真ん中にあることから，位置を代表しているといえる(図1.1(b))．

例1.1: 先ほどのヨーグルト「ヨーグ」のアンケート調査において，6名の被験者の年齢(問3)は，

$$42 \quad 31 \quad 63 \quad 29 \quad 56 \quad 38$$

だった．このときの平均値 $\bar{x}$ は

$$\bar{x} = \frac{42 + 31 + 63 + 29 + 56 + 38}{6} = \frac{259}{6} = 43.17$$

である．

次いで中央値を計算する．このデータを小さい順に並べ替えると

$$29 \quad 31 \quad 38 \quad 42 \quad 56 \quad 63$$

になる．中央値の番号 m は 3.5 であり，整数部分 m^- は 3 である．$x_{(3)} = 38$, $x_{(4)} = 42$ なので，中央値 $\tilde{x}$ は

$$\tilde{x} = \frac{1}{2}(38 + 42) = 40$$

である．

1.2.2 散らばり表す指標

統計学では，データの位置 (平均) とともに，散らばり (ばらつき) を評価することが重要である．表 1.2 は，表 1.1 に W 大学での結果を追加したものである．図 1.2 は，表 1.2 のデータをグラフで表したものである．平均値は，いずれの大学でも 61(kg) であるものの，W 大学のほうが Y 大学よりも散らばり具合が大きい．いいかえれば，W 大学での体重の個人差は，Y 大学よりも大きい．このように，平均値だけではデータの特徴を把握できない場合があるので，散らばりを吟味することは重要である．

(a) 範囲と四分位範囲

散らばりを表す指標として最も単純なものが**範囲** (レンジ) である．範囲 R とはデータ全体が含まれる区間の長さであり，

$$R = (データの最大値) - (データの最小値)$$

で計算される．表 1.2 における範囲は，

表 1.2　Y 大学および W 大学の身体測定における体重データ

Y 大学		W 大学	
名前	体重 (kg)	名前	体重 (kg)
A さん	54	I さん	71
B さん	67	J さん	65
C さん	66	K さん	53
D さん	62	L さん	72
E さん	58	M さん	46
F さん	59	N さん	52
G さん	61	O さん	68

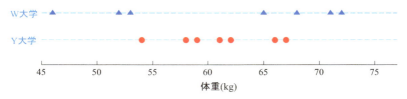

図 1.2 Y 大学および W 大学の体重データに対するグラフィカル表現

図 1.3 範囲および四分位範囲の概念図

Y 大学の範囲 $R_\mathrm{Y} = 67 - 54 = 13$, W 大学の範囲 $R_\mathrm{W} = 72 - 46 = 26$ であり, W 大学のほうがデータの範囲は広かった.

範囲はデータの 100 パーセントが含まれる区間として定義されている. そのため, データに外れ値が存在する場合には, 最大値および最小値を用いる範囲は, 非常に大きな値をとる. この難点を回避するために, 中央値を中心に 50 パーセントの値を含む区間として定義されているのが**四分位範囲**である.

図 1.3 は, 範囲および四分位範囲の概念図である. 中央値とはデータの真ん中であることから, 中央値以下をとるデータの割合は 50 パーセントになる. そのため, 中央値は **50 パーセント点**とも呼ばれる. さらに, 最小値と中央値の真ん中の値, 中央値と最大値の真ん中の値でデータを分けると, データを含む割合が 25 パーセントずつ 4 等分される. 最初の区分点 (最小値と中央値の真ん中の値) は, **第 1 四分位点 (25 パーセント点)** Q_1 と呼ばれ, 第 1 四分位点以下をとるデータの割合は 25 パーセントである. 2 番目の区分点は中央値であるが, 四分位数 (データを 4 等分した値) としては, **第 2 四分位点** Q_2 と呼ばれる. 3 番目の区分点 (中央値と最大値の真ん中の値) は, **第 3 四分位点 (75 パーセント点)** Q_3 と呼ばれ, 第 3 四分位点以下をとるデータの割合は 75 パーセントである.

そして, 四分位範囲 IQR は, 第 3 四分位点と第 1 四分位点の差 $IQR = Q_3 - Q_1$

で計算される．ただし，実際のデータではデータの番号の添え字に小数点以下の桁が存在することから，いくつかの計算方法が存在する．以下に，四分位範囲と四分位点の計算方法の1つを紹介する．

まず，第1四分位点 Q_1 は，最小値 $m_{(1)}$ と中央値 $\tilde{x} = x_{(m)}$ の真ん中に存在するため，Q_1 の番号 m_1 は

$$m_1 = \frac{m+1}{2} = \frac{n/2 + 0.5 + 1}{2} = \frac{n}{4} + 0.75$$

である．

次いで，第3四分位点 Q_3 は，中央値 $\tilde{x} = x_{(m)}$ と最大値 $x_{(n)}$ と中央値 $\tilde{x} = x_{(m)}$ の真ん中に存在するため，Q_3 の番号 m_3 は，

$$m_3 = \frac{m+n}{2} = \frac{n + n/2 + 0.5}{2} = \frac{3n}{4} + 0.25$$

である．

したがって，四分位範囲の定義および計算方法は，次のように与えられる．

❖ 四分位範囲の定義および計算方法

いま，n 個の個体 $x_1, x_2, \ldots, x_n$ が与えられたとき，小さい順に並べ替えられたものを $x_{(1)}, x_{(2)}, \ldots, x_{(n)}$ で表す．第1四分位点 Q_1 の番号 m_1 および，第3四分位点 Q_3 の番号 m_3 は，それぞれ，

$$m_1 = \frac{n}{4} + 0.75, \qquad m_3 = \frac{3n}{4} + 0.25$$

である．$m_j (j = 1, 3)$ の整数部分を m_j^-，小数部分を m_j' とすると，分位点 $Q_j (j = 1, 3)$ は

$$Q_j = (1 - m_j') \cdot x_{(m_j^-)} + m_j' \cdot x_{(m_j^- + 1)}$$

で与えられる．

また，中央値まわりでデータの 50 パーセントを含む範囲として定義される四分位範囲 IQR は

$$IQR = Q_3 - Q_1$$

である．

例 1.2： ここでは，表 1.2 の 2 大学の学生の体重のデータを用いる．それぞれのデータを小さい順 (昇順) に並べ替える．

番号	1	2	3	4	5	6	7
Y大学	54	58	59	61	62	66	67
W大学	46	52	53	65	68	71	72

第1四分位点の番号 m_1 および第3四分位点の番号 m_3 を計算する (Y大学およびW大学はいずれも $n=7$ なので, 第1四分位点, 第3四分位点の番号 m_1, m_3 は同じである).

$$m_1 = \frac{7}{4} + 0.75 = 2.5, \quad m_3 = \frac{3 \times 7}{4} + 0.25 = 5.5.$$

Y大学の四分位範囲は,

Y大学の第1四分位点: $Q_{Y,1} = (1-0.5) \times 58 + 0.5 \times 59 = 58.5$,

Y大学の第3四分位点: $Q_{Y,3} = (1-0.5) \times 62 + 0.5 \times 66 = 64.0$

なので,

$$IQR_Y = Q_{Y,3} - Q_{Y,1} = 64.0 - 58.5 = 5.5$$

である. また, W大学の四分位範囲は,

W大学の第1四分位点: $Q_{W,1} = (1-0.5) \times 52 + 0.5 \times 53 = 52.5$,

W大学の第3四分位点: $Q_{W,3} = (1-0.5) \times 68 + 0.5 \times 71 = 69.5$,

より,

$$IQR_W = Q_{W,3} - Q_{W,1} = 69.5 - 52.5 = 17.0$$

である. よって, Y大学のほうが, W大学よりも四分位範囲が狭い, すなわち個人差が小さいことがわかった.

(b) 分散と標準偏差

範囲および四分位範囲は中央値まわりの散らばりの大きさを表している. ここでは, 平均値まわりの散らばりの大きさを考える. 図1.4は, Y大学の体重のデータ (表1.1) をグラフで表している. 平均値まわりの散らばりは, 平均値からの差 $\epsilon_i = x_i - \bar{x}$ を評価することが考えられる. ちなみに $\epsilon_i (i=1,\ldots,n)$ は**偏差**と呼ばれる. ただし, 平均値の性質より, 偏差の和は0であることから, 偏差の平均値を散らばりの指標に利用できない. そのため, **分散**は, 偏差を2乗したうえで, その平均値を用いる.

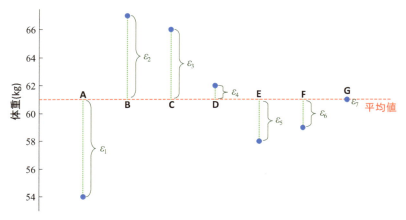

図 1.4　Y 大学の体重データに対する平均値まわりの散らばり

> ❖ **分散の定義**
>
> いま，n 個の個体 $x_1, x_2, \ldots, x_n$ が与えられたとき，分散 S^2 は
> $$S^2 = \frac{1}{n} \sum_{i=1}^{n} \epsilon_i^2 = \frac{1}{n} \sum_{i=1}^{n} (x_i - \bar{x})^2$$
> で与えられる．ここで，$\bar{x}$ は x_i の平均値である．

　範囲および四分位範囲は，散らばりの指標と位置を表す指標の単位は同じである (たとえば，Y 大学における体重データの中央値まわりで 50 パーセントを含む範囲は 5.5kg である)．一方で，分散は，偏差を 2 乗するため，平均値の単位と同じ単位をもたない．平均値と単位を揃えることを意図して，分散に平方根をとった指標が**標準偏差**である．

> ❖ **標準偏差の定義**
>
> いま，n 個の個体 $x_1, x_2, \ldots, x_n$ が与えられたとき，標準偏差 S は
> $$S = \sqrt{\frac{1}{n} \sum_{i=1}^{n} (x_i - \bar{x})^2} = \sqrt{S^2}$$
> で与えられる．ここで，$\bar{x}$ は x_i の平均値である．

表 1.3 体重データにおける 2 乗和 (偏差平方和) の計算

(a) Y 大学			(b)W 大学		
x_i	$x_i - \bar{x}$	$(x_i - \bar{x})^2$	x_i	$x_i - \bar{x}$	$(x_i - \bar{x})^2$
54	-7	49	71	10	100
67	6	36	65	4	16
66	5	25	53	-8	64
62	1	1	72	11	121
58	-3	9	46	-15	225
59	-2	4	52	-9	81
61	0	0	68	7	49

例 1.3：これまでと同様に，2 大学の学生の体重のデータを用いる (表 1.2)．分散および標準偏差を計算するためには，偏差 $\epsilon_i = x_i - \bar{x}$ の平方和 (**偏差平方和**) を計算しなければならない．表 1.3 は，偏差 $\epsilon_i = x_i - \bar{x}$ および偏差平方 $\epsilon_i^2 = (x_i - x)^2$ である．これらの値を用いることで，Y 大学の体重データの分散 S_Y^2 および標準偏差 S_Y は

$$S_Y^2 = \frac{1}{7}(49 + 36 + 25 + 1 + 9 + 4 + 0) = \frac{124}{7} = 17.714$$
$$S_Y = \sqrt{17.714} = 4.209$$

であり，W 大学の体重データの分散 S_W^2 および標準偏差 S_W は

$$S_W^2 = \frac{1}{7}(100 + 16 + 64 + 121 + 225 + 81 + 49) = \frac{656}{7} = 93.714$$
$$S_W = \sqrt{93.714} = 9.681$$

である．よって，範囲および四分位範囲と同様に，Y 大学のほうが，W 大学よりも分散および標準偏差が小さいことがわかった．

1.2.3 標準化

ある高校において，身体測定が行われ，男子の身長の平均値 $\bar{x}_{男}$ が $\bar{x}_{男} = 172$cm(標準偏差 $S_{男} = 12$)，女子の身長の平均値 $\bar{x}_{女}$ が $\bar{x}_{女} = 158$cm(標準偏差 $S_{女} = 8$) だった．かずお君の身長が 173cm，ゆみこさんの身長が 161cm であるとき，身長には性差がある (平均値および標準偏差が異なる) ため，2 人の身長を単純に比較することはできない．このような場合に用いられるのが**標準化** (**規準化**) である．

> **❖ 標準化の定義**
>
> いま，平均値 $\bar{x}$ および標準偏差 S が与えられたとき，x の標準化後の値 z は
> $$z = \frac{x - \bar{x}}{S}$$
> である．標準化後の値 z の平均値は 0，標準偏差は 1 になる．

かずお君とゆみこさんの身長を標準化すると

$$z_{かずお} = \frac{173 - 172}{12} = 0.083, \qquad z_{ゆみこ} = \frac{161 - 158}{8} = 0.375$$

となり，ゆみこさんのほうがかずお君よりも身長が相対的に高かった．

例 1.4： A 君と B 君は第 2 外国語にドイツ語を履修しており，C 君は中国語を履修している．ドイツ語の定期試験での平均値は 67 点であり，標準偏差は 15 だった．一方で，中国語の平均点は 52 点であり，標準偏差は 18 だった．3 人の定期試験での点数が

A 君の点数：$x_A = 74$ 点，　B 君の点数：$x_B = 61$ 点，　C 君の点数：$x_C = 68$ 点

であるとき，点数のみを見ると，$x_A > x_C > x_B$ である．ただし，科目ごとの成績を考慮するために標準化を行うと

$$z_A = \frac{74 - 67}{15} = 0.467, \quad z_B = \frac{61 - 67}{15} = -0.400, \quad z_C = \frac{68 - 52}{18} = 0.889$$

となり，成績は $z_C > z_A > z_B$ の順序であると考えることができる．

1.2.4 変動係数

分散あるいは標準偏差ではスケールが異なる変数間の散らばりの大きさを相対的に評価できない．たとえば，象と鼠の体重の散らばり具合をそれぞれの分散および標準偏差のみでは比較できない．このような場合に用いられるのが，**変動係数**である．

> **❖ 変動係数の定義**
>
> いま，平均値 $\bar{x}$ および標準偏差 S が与えられたとき，変動係数 CV は
> $$CV = \frac{S}{\bar{x}}$$
> である．

例 1.5：ペット用品会社が開発したダイエット用のペットフードを 6 ヵ月間肥満の大型犬に与えたところ，平均 3,200g，標準偏差 1,256 の体重減少が認められ，肥満の小型犬では平均 600g，標準偏差 264 の体重減少が認められた．それぞれに対して変動係数を求めると

$$CV_{大} = \frac{1256}{3200} = 0.393, \qquad CV_{小} = \frac{264}{600} = 0.440$$

だった．よって，ダイエット用ペットフードの効果の個体差 (散らばり) は，小型犬のほうが大型犬よりも大きかった．

1.3 章末問題

問題 1.1：次の項目 (変数) の尺度を答えなさい．
(1) 100m 走のタイム　　(2) 学生の出身県
(3) 数学のテストの偏差値　(4) 疾病の重症度 (重度，中程度，軽度)

問題 1.2：下記の変数に対して，質的変数である場合に ◯，量的変数である場合に × をつけなさい．
(1)　出身の都道府県
(2)　高校時代に入っていた部活
(3)　昨日の夕食での摂取カロリー
(4)　自動車の 1 リットルあたりの走行距離
(5)　マンションの築年数

問題 1.3：次の表は平成 26 年春の全国交通安全運動 (4 月 6 日～15 日) の都道府県別交通事故発生数である (出典：警察庁発表資料『平成 26 年春の全国交通安全運動期間中の交通事故発生状況』)．以下の問いに答えなさい

県	交通事故数	県	交通事故数
茨 城	348	神奈川	819
栃 木	152	新 潟	176
群 馬	418	山 梨	111
埼 玉	872	長 野	238
千 葉	512	静 岡	888

(1) 平均値と中央値を求めなさい．
(2) 分散と標準偏差を求めなさい．
(3) 四分位範囲を求めなさい．

問題 1.4： 以下の問題において，括弧内の正しい文章に○をつけなさい．

(1) 中央値を位置の指標として用いる場合に散らばりを表す指標として正しいものを選択しなさい：(分散あるいは標準偏差・四分位点範囲あるいは範囲)
(2) 外れ値の影響を受けない位置の指標はどちらか：(平均値・中央値)
(3) 個体の値を標準化したとき，その数字が負値になった．このときの正しい解釈を選びなさい：(平均より小さい値・中央値より小さい値)

問題 1.5： A さんは線形代数と統計学を受講している．定期試験の結果，A さんの線形代数の点数は 72 点であり，統計学の点数は 63 点であった．線形代数の平均値は 68 点，標準偏差は 10 点であり，統計学の平均点は 61 点，標準偏差は 15 点だったとするとき，以下の問いに答えなさい．

(1) A さんの線形代数と統計学の授業の点数を標準化しなさい．
(2) A さんは線形代数と統計学のどちらが優秀な成績を収めたと考えてよいか．

1.4 付録:総和 Σ の略説

いま,5 個の個体 $x_1, x_2, \ldots, x_5$ に次のような値

$$x_1 = 1, \quad x_2 = 2, \quad x_3 = 3, \quad x_4 = 4, \quad x_5 = 5$$

が代入されているとする.合計は,添え字 i を用いて

$$\sum_{i=1}^{5} x_i = 1 + 2 + 3 + 4 + 5$$

で表すことができる.すなわち,n 個の個体を合計する場合には

$$\sum_{i=1}^{n} x_i = x_1 + x_2 + \cdots + x_n$$

となる.また,2 乗和は

$$\sum_{i=1}^{n} x_i^2 = x_1^2 + x_2^2 + \cdots + x_n^2$$

である.総和 Σ のその他のいくつかの公式を以下に示す.

❖総和 Σ に対する簡単な公式

$$\sum_{i=1}^{n} a = na \quad (a \text{ は定数})$$

$$\sum_{i=1}^{n} ax_i = a(x_1 + x_2 + \cdots + x_n) = a\sum_{i=1}^{n} x_i$$

$$\sum_{i=1}^{n} i = 1 + 2 + \cdots + n = \frac{n(n+1)}{2}$$

$$\sum_{i=1}^{n} (x_i + y_i) = x_1 + y_1 + x_2 + y_2 + \cdots + x_n + y_n$$

$$= \sum_{i=1}^{n} x_i + \sum_{i=1}^{n} y_i$$

2 記述統計学(2)：度数分布表と統計グラフ

◉**本章の目標**◉

1. 度数分布表の作り方を理解する．
2. 基本的な統計グラフの意味について理解する．
3. ヒストグラム，ボックスプロットの解釈の方法を理解する．
4. 散布図と相関関係について理解する．

2.1 度数分布表

2.1.1 質的変数における度数分布表

6,727人に対して第1章の「ヨーグ」のアンケート調査を行ったときの満足度 (問 5) の結果を表 2.1 に示す．「ヨーグ」に満足している被験者は，2,156 人であり，その割合は 0.320 だった．このとき，アンケートのカテゴリ (質問項目) に該当する被験者数 (個体数) を**度数**といい，各カテゴリに解答した被験者数 (個体数) の割合 (度数/合計) を**相対度数**という．また，カテゴリと相対度数の関係は**分布**と呼ばれ，それを表形式で表したものを**度数分布表**という．

❖ **質的変数における度数分布表**

いま，C 個のカテゴリ $A_c, c = 1, \ldots, C$ が与えられたとき，度数分布表は次のように構成される．

カテゴリ	度 数	相対度数
A_1	n_1	n_1/N
A_2	n_2	n_2/N
⋮	⋮	⋮
A_C	n_C	n_C/N
合計	N	1

ここで，度数 $n_c, c = 1 \ldots, C$ とはカテゴリ A_c に割り当てられた個体数であり，相対度数 $n_c/N (c = 1, 2, \ldots, C)$ とはカテゴリに該当する割合である．

表 2.1 「ヨーグ」のアンケート調査における満足度 (問 5) の度数分布表

	度 数	相対度数
満足	2,156	0.320
やや満足	2,315	0.344
どちらでもない	1,613	0.240
やや不満	511	0.076
不満	132	0.020
合計	6,727	1.000

表 2.2 「ヨーグ」のアンケート調査における被験者の血液型 (問 2) の度数分布表

(a) カテゴリをそのまま記載した場合			(b) 度数で降順に並べ替えた場合		
	度 数	相対度数		度 数	相対度数
A 型	2,691	0.400	A 型	2,691	0.400
B 型	1,480	0.220	O 型	1,950	0.290
AB 型	606	0.090	B 型	1,480	0.220
O 型	1,950	0.290	AB 型	606	0.090
合計	6,727	1.000	合計	6,727	1.000

1.1 節で説明したように，質的変数には名義尺度と順序尺度がある．表 2.1 の「ヨーグ」の満足度 (問 5) は順序尺度なので，質問項目に順序関係が存在する．他方，血液型 (問 2) は名義尺度 (多値変数) なので順序関係が存在しない．そのため，名義尺度の場合には，度数分布表のカテゴリの順番を変更することが許容される．

表 2.2 は，「ヨーグ」のアンケート調査における被験者の血液型 (問 2) の度数分布表である．A 型の相対度数が 0.400 であり，被験者のなかで A 型の割合が最も高かった．他方，AB 型の相対度数が 0.090 であり，被験者の 10 パーセント未満だった．ここで，表 2.2(a) はアンケート項目の順番通りに並べた場合である．この度数分布表では，各カテゴリの相対度数を瞬時に評価することは困難である．これに対して，表 2.2(b) はカテゴリを相対度数で降順に並べ替えた場合である．このクロス集計表では，相対度数が最も大きい A 型と 2 番目に大きい O 型の相対度数には 0.110 の差があることを瞬時に解釈できる．このような並べ替えは，名義尺度の度数分布表にける単純な工夫であるが，カテゴリが増えるほどに，結果の解釈の一助となり得る．

2.1.2 量的変数における度数分布表

量的変数では，回答のカテゴリ数が膨大になる．たとえば，「ヨーグ」のアンケート調査の年齢 (問 3) の範囲は $50 - 16 = 34$ である．そのため，質的変数と同様に各数値をカテゴリとみて度数分布表を作った場合には，列の数が非常に多くなるだけでなく，度数が 0 のカテゴリが多数存在するかもしれない．そのため，量的変数の度数分布表では，データの範囲を等間隔の区間ごとに分割してカテゴリ分けを行う．これを，**級分け**という．そして，カテゴリ分けされた，それぞれの項目は**階級**と呼ばれる．

すなわち，量的変数の度数分布表では，級分けを実施したもとで構成される．

> **❖ 量的変数における度数分布表**
>
> いま，量的変数 x のデータを C 個に級分けした階級を $A_1, \ldots, A_C$ とする．このとき，度数分布表は次のように構成される．
>
> | 年齢 | 度数 | 相対度数 | 累積度数 | 累積相対度数 |
> |---|---|---|---|---|
> | A_1 | n_1 | n_1/N | $v_1 = n_1$ | v_1/N |
> | A_2 | n_2 | n_2/N | $v_2 = v_1 + n_2$ | v_2/N |
> | A_3 | n_3 | n_3/N | $v_3 = v_2 + n_3$ | v_3/N |
> | $\vdots$ | $\vdots$ | $\vdots$ | $\vdots$ | $\vdots$ |
> | A_C | n_C | n_C/N | $v_C = v_{C-1} + n_C$ | v_C/N |
> | 合計 | N | 1 | - | - |
>
> 累積度数 $v_c (c = 1, 2, \ldots, C)$ とはこれまでの度数 n_c の総和を表しており，累積相対度数とは階級の上限値以下をとる割合である．ここで，上限値とは各区間の最大値のことを指す．

表 2.3 は，「ヨーグ」のアンケート調査における被験者の年齢 (問 3) の度数分布表である．度数および相対度数の解釈は，質的変数における度数分布表と同じである．たとえば，25〜30 歳 (25 歳以上 30 歳未満) の度数 (被験者数) が 2,107 人であり，相対度数が 0.313 である．よって，被験者全体の 31.3 パーセントが 25〜30 歳だった．

累積度数とは，階級の上限値以下をとる度数である．25〜30 歳の累積度数は，$190 + 871 + 2,107 = 3,168$ (人) である．つまり，このときの累積度数は被験者の年齢が 30 未満の人数が 3,168 人だったことを表している．また，累積相対

表 2.3 「ヨーグ」のアンケート調査における被験者の年齢 (問 3) の度数分布表

年齢	度 数	相対度数	累積度数	累積相対度 数
15 歳以上 20 歳未満	190	0.028	190	0.028
20 歳以上 25 歳未満	871	0.129	1,061	0.158
25 歳以上 30 歳未満	2,107	0.313	3,168	0.471
30 歳以上 35 歳未満	2,190	0.326	5,358	0.796
35 歳以上 40 歳未満	1,097	0.163	6,455	0.960
40 歳以上 45 歳未満	240	0.036	6,695	0.995
45 歳以上 50 歳未満	32	0.005	6,727	1.000
合計	6,727	1.000	-	-

度数は，階級の上限値以下をとる割合 (累積度数/合計) である．25~30 歳の累積相対度数の 0.471 は，被験者の年齢が 30 歳未満である割合が 47.1 パーセントであることを表している．

新聞や雑誌での調査のように集計結果のみが提供されている場合には，各個体の値 (観測値) は与えられず，度数分布表のみが提供されていることがある．ここでは，度数分布表から平均値を求める方法について述べる．

> **❖度数分布表に基づく平均値の算出**
>
> いま，標本サイズ N のデータ $x_1, x_2, \ldots, x_N$ を C 個に級分けした階級 $A_c(c = 1, 2, \ldots, C)$ の代表値を $\breve{x}_c$，そして度数を n_c とする．このとき，度数分布表に基づく平均値は，
>
> $$\bar{x} = \frac{n_1 \breve{x}_1 + n_2 \breve{x}_2 + \cdots + n_C \breve{x}_C}{N} = \frac{\sum_{c=1}^{C} n_c \breve{x}_c}{\sum_{c=1}^{C} n_c}$$
>
> で与えられる．ただし，
>
> $$\breve{x}_c = \frac{1}{2}(x_{\max}^{(c)} + x_{\min}^{(c)})$$
>
> であり，$x_{\max}^{(c)}$ と $x_{\min}^{(c)}$ はそれぞれ階級 A_c $(c = 1, 2, \cdots, C)$ の上限値と下限値である．

表 2.3 の平均値を度数分布表に基づいて計算すると，平均値は

$$\bar{x} = \frac{\sum_{c=1}^{C} n_c \breve{x}_c}{\sum_{c=1}^{C} n_c}$$

$$= \frac{190 \times 17.5 + 871 \times 22.5 + 2{,}107 \times 27.5 + \cdots + 32 \times 47.5}{6{,}727} = 30.46$$

である．

2.2 基本的な統計グラフ

本節では，基本的な統計グラフとして，棒グラフ，折れ線グラフ，円グラフおよび帯グラフについて触れる．

表 2.4 は，基本的な統計グラフの目標とその意味についての略説である．

ここでは，「ヨーグ」のアンケート調査結果に基づいて，それぞれの方法について述べる．

2.2.1 棒グラフ

棒グラフでは，(相対)度数，平均値あるいは割合といった数量をカテゴリごとに棒の長さで表す．図 2.1 は，「ヨーグ」のアンケート調査における満足度 (問 5)

表 2.4 基本的な統計グラフ

名前	目標	留意点
棒グラフ	数量 (度数，平均，割合など) の大小関係をカテゴリごとに表す．その目的は，複数のカテゴリあるいは群を比較することにある (例：テストの平均点を男女で比較する)．	棒の長さが「数量の大きさ」を示す．
折れ線グラフ	数量の経時的な推移を表す (例：ある観光地の月別の来客者数の推移を表す)	折れ線の傾きが「変化の程度」を表す．
円グラフ	各カテゴリーの相対度数を各カテゴリーが円を占有する面積で表す (例：内閣支持率の調査において，有権者の「支持する」「支持しない」「どちらでもない」の構成比を表す)．	扇方の面積が相対度数の大きさを示す．
帯グラフ	グループごとに各カテゴリーの相対度数を表す (例：内閣支持率の調査において，有権者の「支持する」「支持しない」「どちらでもない」の構成比をを男女別に表す)．	帯の面積が相対度数を示す．

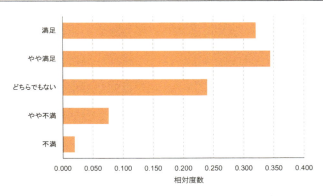

図 2.1 「ヨーグ」のアンケート調査における満足度 (問 5) のに対する棒グラフ

の相対度数を棒グラフで表している．「やや満足」の相対度数が最も高く，次いで，「満足」「どちらでもない」の順に相対度数が高かった．一方で，「やや不満」および「不満」の相対度数が極端に低かった．アンケート調査の結果，「ヨーグル」に不満をもつ被験者は少ないことが示唆される．今回の棒グラフでは，縦軸にカテゴリ，横軸に相対度数をプロットしているが，横軸にカテゴリ，縦軸に相対度数をプロットすることも可能である．

2.2.2 折れ線グラフと変化に関する指標

ここでは，折れ線グラフの解説とともに，変化率の平均的な値を表す指標として幾何平均について略説する．

(a) 折れ線グラフ

折れ線グラフとは，横軸に経時的なカテゴリ (あるいは階級)，縦軸に数量をプロットし，折れ線でデータ点間を結びつけたグラフである．その用途は，数量の経過的な推移を省察するのに用いられる．表 2.5 は，1943 年から 1958 年の 16 年間に，ノースカロライナのある病院で記録された急性白血病の発症記録

表 2.5 白血病の発症記録の年次推移データ (指数は 1 月に対する変化に基づいて計算している)

月	1	2	3	4	5	6	7	8	9	10	11	12
発症数 (度数)	23	21	15	20	14	8	11	11	14	17	10	20
発症率 (%)	12.5	11.4	8.2	10.9	7.6	4.3	6.0	6.0	7.6	9.2	5.4	10.9
指数 (%)	-	91.3	65.2	87.0	60.9	34.8	47.8	47.8	60.9	73.9	43.5	87.0

B. W. Brown and M. Hollander, *Statistics*, Jhon Wiley & Sons,1977 (医学統計研究会 (訳)，『医学統計解析入門 (改訂訳版)』，エム・ビー・シー，2008).

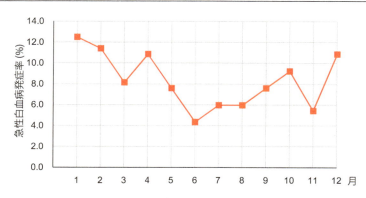

図 2.2　白血病の発症記録の発症率に対する年次推移の折れ線グラフ

より，月別に頻度を合計したものである．急性白血病の発症率 (月別の発症数／全体の発症数) の月別の推移を折れ線グラフで表したのが図 2.2 である．この折れ線グラフより，冬季 (12〜2 月) に急性白血病の発症率が高く，夏季 (6〜8 月) に発症率が低いことがわかる．

(b)　指数

ある時点を基準時点として，各時点の変化を
$$\frac{(任意の時点での数量)}{(基準となる時点での数量)}$$
のように計算する表現 (あるいは 100 を掛け合わせてパーセントをとることも多い) を**指数** (**指標**) といい，指数に変換することを**指数化**という．図 2.3 は，1 月の発症率を基準となる時点としたときの指数
$$任意の時点の指数 = \frac{(任意の時点での発症率)}{(1 月の発症率)} \times 100$$
を表している．発症率が低いことが示唆された夏季 (6〜8 月) の指数が 50.0 パーセント未満だった．すなわち，1 月に比べて夏季の発症率は半分未満だった．また，すべての時点の指数が 100 パーセント未満であることから，発症率が 1 月を上回ることはなかったことがわかる．

(c)　幾何平均

指数のように，経時的な変化を比で見る場合，その平均的な変化を計算するには，平均値ではなく，**幾何平均** (**相乗平均**) を用いることが多い．

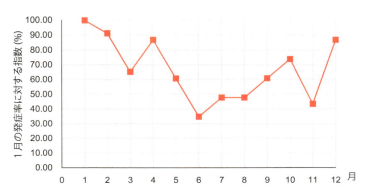

図 2.3　白血病の発症記録において 1 月を基準時点としたときの指数に対する年次推移の折れ線グラフ

> **❖幾何平均の定義**
>
> いま，T 個の時点における変化を表す値 (たとえば指数)$r_t, (t = 1, \ldots, T)$ が与えられたとき，幾何平均 $\bar{r}$ は
>
> $$\bar{r} = (r_1 \times r_2 \times \cdots \times r_T)^{1/T} = \left\{ \prod_{t=1}^{T} r_t \right\}^{1/T}$$
>
> で与えられる．

白血病の発症記録において，1 月を基準時点としたときの指数の幾何平均 $\bar{r}$ は，

$$\bar{r} = (91.3 \times 65.2 \times 87.0 \times \cdots \times 87.0)^{1/11} = 60.90$$

で与えられる．

2.2.3　円グラフ

円グラフとは，カテゴリ (あるいは階級) の相対度数を扇形で表したグラフであり，扇形の面積が相対度数の大きさに対応している．円グラフの利点は，カテゴリの構成割合を瞬時に解釈できる点にある．また，順序尺度 (あるいは量的変数を級分けしたときのカテゴリ) の場合には，累積相対度数の解釈が平易になる．図 2.4 は，「ヨーグ」のアンケート調査における満足度 (問 5) に対する円グラフである．「満足」あるいは「やや満足」と回答した被験者での割合が過半数を上回った．

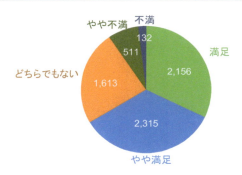

図 2.4 「ヨーグ」のアンケート調査における満足度 (問 5) に対する円グラフ

2.2.4 帯グラフ

帯グラフとは，複数のグループのそれぞれを棒で表し，個々のグループのカテゴリの相対度数を棒グラフの面積に対応させることで構成される．その目的は，複数のグループのカテゴリの構成比を比較することにある．

表 2.6 は，「ヨーグ」のアンケート調査における満足度 (問 5) を男女別にまとめたものである．図 2.5 は，満足度のカテゴリの構成比の性差を比較するための帯グラフである．男性の「満足」あるいは「やや満足」と回答した被験者での相対度数が過半数を下回っているのに対して，女性では，75 パーセントを上回った．また，男性では「どちらでもない」の相対度数が最も高かったのに対して，女性では「やや満足」の相対度数が最も高かった．すなわち，「ヨーグ」は，男性よりも女性の満足度が高いことが示された．

表 2.6 男女別での「ヨーグ」のアンケート調査における満足度 (問 5) の結果

	男性		女性	
	度 数	相対度数	度 数	相対度数
満足	443	0.152	1,315	0.344
やや満足	746	0.257	1,618	0.423
どちらでもない	1,085	0.373	618	0.162
やや不満	433	0.149	111	0.029
不満	199	0.068	159	0.042
合計	2,906	1.000	3,821	1.000

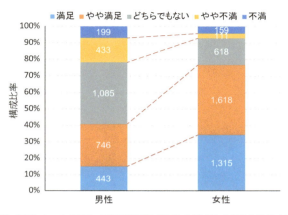

図 2.5 「ヨーグ」のアンケート調査における満足度 (問 5) の構成比の性差を比較するための帯グラフ

2.3 ヒストグラム

本節では，ヒストグラムの構成方法および，ヒストグラム (度数分布表) に基づく位置を表す指標として，最頻値について解説する．

2.3.1 ヒストグラムの描画方法と解釈

量的変数で得られたデータを級分けし，階級ごとに度数を棒グラフでプロットするグラフを**ヒストグラム**という．ヒストグラムは，量的変数の階数の度数を棒グラフで表すことで，分布形状，データの散らばりの傾向，外れ値の有無，あるいはデータがどのあたりに集中しているかを省察するのに用いられる．ヒストグラムの構成の手順は，

(1) データを級分けする．
(2) 級分け結果に基づいて，度数を集計する (すなわち，度数分布表を作成する)．
(3) 棒グラフにより度数をグラフ表示する．ただし，ビン (棒) 間は隙間がないように視覚化する．

である．

ヒストグラムの形状の諸型を図 2.6 に示し，それぞれの形状の解釈を以下に記す．

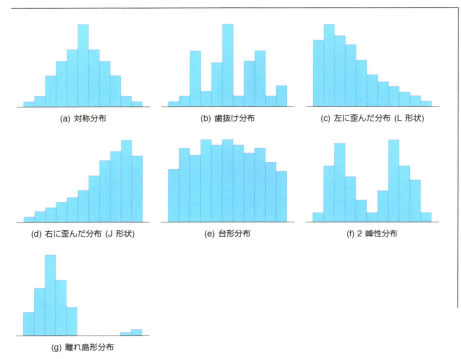

図 2.6 ヒストグラムの諸型

(a) **対称分布**：平均値を中心に左右対称な分布形状を示しており，統計学では一般的に現れる分布とされている．平均値，最頻値および中央値が重なりデータの存在範囲の中心である．
(b) **歯抜け分布**：各階級で度数が凸凹である．標本サイズに対してに級数が多い場合など，境界値のとり方が適当でないときに現れる．
(c) **左に歪んだ分布 (L 形状)**：左に歪んでいる形状，あるいは右に裾を引いている分布と呼ばれる．平均値，最頻値および中央値が一致しない場合である．平均値がデータの範囲のなかで左側にあり，左右対称ではない．一般的に下限がおさえられており，負値が存在しない場合などに現れる．
(d) **右に歪んだ分布 (J 形状)**：右に歪んでいる形状，あるいは左に裾を引いている分布と呼ばれる．平均値，最頻値および中央値が一致しない場合である．すなわち平均値がデータの範囲のなかで右側にあり，左右対称ではない．一般的に理論値または規格値などによって，上限値が存在する場合に

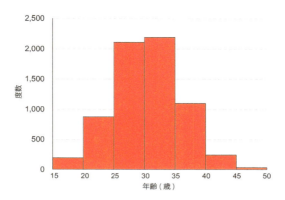

図 2.7 「ヨーグ」のアンケート調査における被験者の年齢 (問 3) のヒストグラム

現れる．
(e) **台形分布**：各階級に含まれる度数が両端を除いてほぼ等しく，一様に分布している場合である．このような状況では，どの階級においても，割合がおおよそ等しいため，統計的な評価が困難である．
(f) **2 峰性分布**：データの存在する範囲の中心の階級に度数が少なく，両端に峰が 2 個存在する場合である．平均値が極端に異なるデータが混在している場合に現れる．
(g) **離れ島形分布**：対称形のヒストグラムとともに，離れたところに小さな峰がある場合である．データに外れ値が混入しているときに現れる．

例 2.1：図 2.7 は，「ヨーグ」のアンケート調査における被験者の年齢 (問 3) に対するヒストグラムである．ちなみに，ヒストグラムは，度数分布表 2.3 の度数に基づいて構成されている．その結果，対称分布に従うことが示唆された．

2.3.2 ヒストグラムの解釈における留意点

図 2.8 は，ヒストグラムにおける級数 (級分けしたときの級の個数 C) の留意点を表している．級数 C が少なすぎる場合 (図 2.8(a))，分布形状を適切に捉えることは困難である．他方，級数 C が多すぎる場合 (図 2.8(b))，ヒストグラムが歯抜け分布 (図 2.6(b)) になるおそれがある．そのため，級数 C は，歯抜け分布にならないように，そして解釈可能な形状になるように適切な数を選定する必要がある．

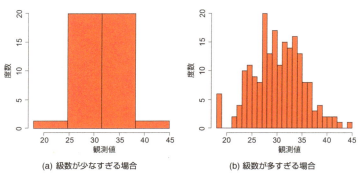

図 2.8 ヒストグラムにおける級数に対する留意点

2.3.3 最頻値

ヒストグラムにおいて，度数が最も高い階級の代表値を**最頻値** (モード) という．図 2.7 の場合には，30 歳以上 35 歳未満の階級における度数が最も高いことから，最頻値は，$(30+35)/2 = 32.5$ である．

図 2.9 は，ヒストグラムの分布形状 (図 2.6(a)(c)(d)) と 3 種類の位置を表す指標 (平均値，中央値，最頻値) を表している．対称分布 (図 2.6(a)) の場合，平均値，中央値，最頻値の値はおおよそ一致する．左に歪んだ分布 (図 2.6(c)) の場合，位置を表す指標は，平均値 > 中央値 > 最頻値になる (右裾が極端に長い場合には，平均値 > 最頻値 > 中央値になることもある)．右に歪んだ分布 (図 2.6(d)) の場合，位置を表す指標は，最頻値 > 中央値 > 平均値になる (左裾が

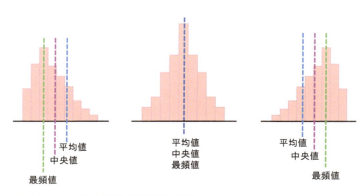

図 2.9 ヒストグラムの形状と位置を表す指標の関係

極端に長い場合には，中央値 > 最頻値 > 平均値になることもある)．ちなみに，2 峰分布 (図 2.6(f)) の場合には，度数が高い峰を選択するのではなく，最頻値が存在しないと解釈する．すなわち，最頻値は単峰の分布形状のみ定義される．

2.4 ボックスプロット

2.4.1 ボックスプロットの構成方法

ボックスプロット (箱髭図) とは，中央値，第 1 四分位点，第 3 四分位点に基づいて構成される．その目的は，量的変数の分布形状を把握するとともに，複数のグループを比較することにある．

ボックスプロットには，いくつかの構成方法があるが，本書では一般的な方法の 1 つについて述べる．図 2.10 にボックスプロットの構成を示す．ボックスプロットは，まず，第 1 四分位点 Q_1 と第 3 四分位点 Q_3 の範囲で長方形を描き，その長方形のなかの中央値 $Q_2 = \tilde{x}$ の位置に箱の区切り線を引く．これにより，四分位範囲 IQR が長方形で表され，位置を代表する値 (中央値) は箱の区切り線で把握できる．さらに，第 1 四分位点 Q_1 から $Q_1 - 1.5 \times IQR$ の範囲のなかの最小値を求め，第 1 四分位点 Q_1 とのあいだに直線を引く．そして，第 3 四分位点 Q_3 から $Q_3 + 1.5 \times IQR$ の範囲のなかの最大値を求め，第 3 四分位点 Q_3 とのあいだに直線を引く．直線は髭 (ウィスカー) と呼ばれ，直線より外に存在する値は外れ値とされる．そして，外れ値と判断された個体は丸印で表す．ちなみに，髭には，最小値および最大値を用いることもある．

例 2.2： あるフィットネスクラブでは，ダイエットにおける食事制限の効果を評価するために，50 名の被験者を 25 名ずつ，運動のみの群 (A 群) と運動+食事制限群 (B 群) の 2 群に分けて，2 ヵ月後の体重減少量 (kg) を評価している．表 2.7 は，この研究における体重減少量 (kg) のデータである．

図 2.10　ボックスプロットの構成方法

表 2.7 ダイエットにおける食事制限の効果研究での体重減少量 (kg) の比較 (A 群：運動のみ，B 分：運動+食事制限)

A 群	−0.3	−0.3	−0.1	−0.1	−0.1	0.2	0.4	0.5	0.6
	0.6	0.7	0.8	0.9	1.0	1.1	1.3	1.6	1.6
	1.7	1.7	1.8	1.9	2.3	3.8	5.2		
B 群	0.8	0.8	1.0	1.1	1.1	1.2	1.3	1.3	1.5
	1.6	1.8	2.0	2.1	2.2	2.2	2.5	2.7	2.7
	3.0	3.6	3.7	4.2	5.1	5.7	6.5		

ボックスプロットを構成するために，四分位点を計算する．いま，A 群の分位点を $Q_i^A (i=1,2,3)$ で表し，B 群の分位点を $Q_i^B (i=1,2,3)$ で表す．このとき，それぞれの群の第 1 四分位点は

$$\text{A 群}：Q_1^A = 0.4, \quad \text{B 群}：Q_1^B = 1.3$$

であり，第 2 四分位点 (中央値) は，

$$\text{A 群}：Q_2^A = 0.9, \quad \text{B 群}：Q_2^B = 2.1$$

であり，第 3 四分位点は，

$$\text{A 群}：Q_3^A = 1.7, \quad \text{B 群}：Q_3^B = 3.0$$

である．よって，A 群の四分位範囲 IQR_A，B 群の四分位範囲 IQR_B は，それぞれ

$$IQR_A = 1.7 - 0.4 = 1.3, \quad IQR_B = 3.0 - 1.3 = 1.7$$

で与えられる．これらの結果から，各群の髭の位置および外れ値を計算する．まず，A 群の髭は，

下側の髭の位置：$0.4 - 1.5 \times 1.3 = -1.55$ 以上の最小値なので -0.3

上側の髭の位置：$1.7 + 1.5 \times 1.3 = 3.65$ 以下の最大値なので 2.3

であり，上側の髭の位置 2.3 を上回る 2 個の個体 (3.8, 5.2) は外れ値である．
次いで，B 群の髭の位置は，

下側の髭の位置：$1.3 - 1.5 \times 1.7 = -1.25$ 以上の最小値なので 0.8

上側の髭の位置：$3.0 + 1.5 \times 1.7 = 5.55$ 以下の最大値なので 5.1

であり，上側の髭 5.1 を上回る 2 個の個体 (5.7, 6.5) は外れ値である．
これらに基づいて描いたボックスプロットが図 2.11 である．いずれの群にも

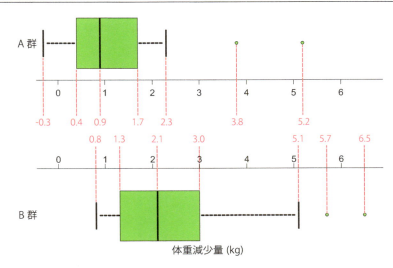

図 2.11 ダイエット研究のデータに対するボックスプロットの構成

2 個の外れ値が存在した．また，B 群 (運動+食事制限) のほうが，A 群 (運動のみ) よりも体重減少量が大きいことから，ダイエットでは，運動だけでなく，食事制限も重要であることが示唆された．

2.4.2 ボックスプロットの解釈

図 2.12 は，分布形状とボックスプロットの関係を表している．対称分布 (図 2.12(a)) のとき，中央値が箱の中央に布置されている．左に歪んだ分布 (2.12(b)) のとき，中央値が箱の左側に布置されている．右に歪んだ分布 (2.12(b)) のとき，中央値が箱の右側に布置されている．2 峰分布 (2.12(d)) のときには，対称分布と同様の傾向を示しており，2 峰性であることがわからない．これは，ボックスプロットでは，分布形状が単峰性であることを仮定しているためである．すなわち，ボックスプロットでは，2 峰性分布が同定できないことに注意が必要である．図 2.11 のボックスプロットでは，いずれの群でも左に歪んだ分布形状を示していることがわかる．

2.5 散布図

散布図とは，2 変数データが与えられたときに，その関係性を見るために用

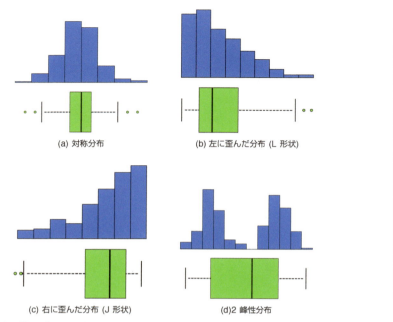

図 2.12 分布形状とボックスプロットの関係 (上側がヒストグラム，下側がボックスプロット)

いられる．散布図の描写方法は，n 個の 2 変数データ $\{x_{1i}, x_{2i}\}, i = 1, \ldots, n$ が与えられたときに，データのペア (x_{1i}, x_{2i}) をそれぞれ横軸 (X 軸)，縦軸 (Y 軸) としたもとで丸印などでプロットする．

図 2.13 に散布図の例を示す．ここでは，7 種類の散布図が描かれている．図 2.13(c) の場合，横軸の値 (x_{1i}) が増加するほど，縦軸の値 (x_{2i}) が増加する (逆に x_{2i} が増加するほど x_{1i} が増加するともいえる)．このような状態を**正の相関関係がある**という．そして，図 2.13(b) や (a) になるほど正の相関関係は弱くなる．したがって，図 2.13(a)(b)(c) に対応する散布図は，図 2.13(a) から (c) にいくにつれて正の相関関係が強いといえる．これに対して，図 2.13(d) に対応する散布図は，横軸 (x_{1i}) が増加しても，縦軸 (x_{2i}) には変化がない．このような状態を**無相関関係**という．さらに，図 2.13(e)(f)(g) に対応する散布図は，横軸 (x_{1i}) が増加するほど，縦軸 (x_{2i}) が減少する傾向にある (逆にいうと，x_{2i} が増加するほど x_{1i} が減少するともいえる)．このような状態を**負の相関関係がある**という．そして，図 2.13(g) から (e) にいくほどその傾向は強くなり，

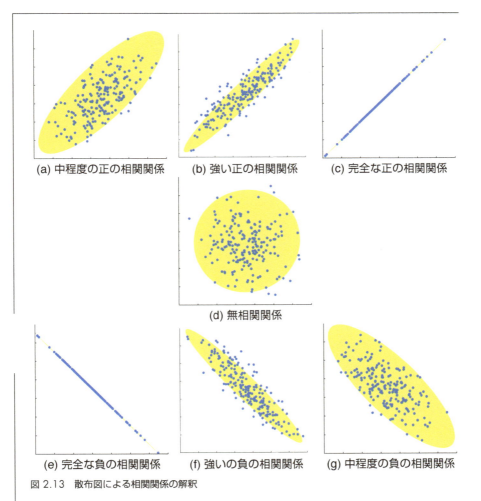

図 2.13 散布図による相関関係の解釈

図 2.13(e) ではほぼ直線状になる．したがって，図 2.13(e)(f)(g) に対応する散布図は，(g) から (e) にいくにつれて負の相関関係が強いといえる．

例 2.3 : ある中古車販売店が保有している 50 台の中古車に対して，「新車購入からの期間 (月)」「1 リットル当たりの走行距離 (km)」「走行距離 (×1,000km)」の値がとられている．これらの変数のそれぞれの組み合わせに対して散布図を描写したものが図 2.14 である．ちなみに，このように行列形式で散布図を表したものを**散布図行列**という．

33

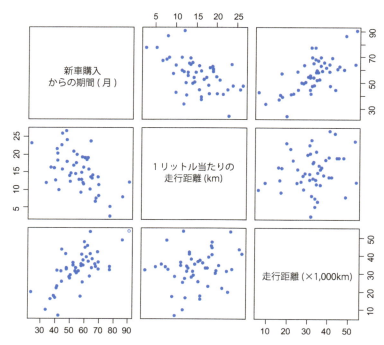

図 2.14 50 台の中古車に対する散布図行列

　その結果,「新車購入からの期間」と「1 リットル当たりの走行距離」の散布図では, データ点が右肩下がりの傾向を示していることから,「新車購入からの期間」が長くなるほど「1 リットル当たりの走行距離」が短くなる傾向が示唆された. すなわち, 負の相関関係が認められた.

　「新車購入からの期間」と「走行距離」の散布図では, データ点が右肩上がりの傾向を示していることから,「新車購入からの期間」が長くなるほど「走行距離」も長くなる傾向が示唆された. すなわち, 正の相関関係が認められた.

　「1 リットル当たりの走行距離」と「走行距離」の散布図では, データ点に相関関係が認められなかった. すなわち, 無相関 (無相関関係) であった.

2.6 章末問題

問題 2.1： 次の度数分布表は，ある映画調査会社が，176 人の成人男性に好きな映画ジャンルをアンケート調査したときの結果である．

	度数	相対度数
アニメ	31	(　　　)
恋愛	32	(　　　)
アクション	52	(　　　)
ＳＦ	48	(　　　)
その他	13	(　　　)
合計	136	1.000

(1) 度数分布表の括弧を埋めなさい．
(2) この度数分布表の構成において，工夫したほうがよい点がある．工夫したほうがよい点について述べなさい．
(3) この調査結果から，被験者の回答結果の内訳を表すグラフとして適切なものを以下の (a)〜(b) から選びなさい．なお，これらのグラフは，(2) の工夫は行わずに描写されている．

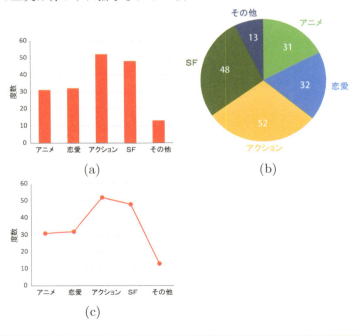

問題 2.2: 下表は雌のショウジョウバエの生存日数の度数分布表の一部である.

区間 (日)	度数	相対度数	累積度数	累積相対度数
0 日以上 10 日未満	11	( )	( )	( )
10 日以上 20 日未満	10	( )	( )	( )
20 日以上 30 日未満	35	( )	( )	( )
30 日以上 40 日未満	99	( )	( )	( )
40 日以上 50 日未満	89	( )	( )	( )
50 日以上 60 日未満	31	( )	( )	( )

B. W. Brown and M. Hollander, *Statistics*, Jhon Wiley & Sons, 1977 (医学統計研究会 (訳),『医学統計解析入門 (改訂訳版)』, エム・ビー・シー, 2008).

(1) 度数分布表の括弧を埋めなさい.
(2) ヒストグラムを描写し,その結果を解釈しなさい.
(3) 度数分布表に基づいて平均値を計算しなさい.

問題 2.3: 次の図は,125 人の臨床検査値をヒストグラムにしたものである.

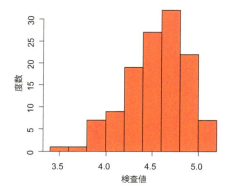

同じデータを用いてボックスプロットを描写したときに最も適切だと思われるものを次の (a) 〜 (c) の内から選択しなさい. なお,検査値はボックスプロットの縦軸が大きいほど高いとする.

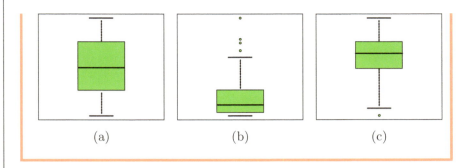

（a） （b） （c）

問題 2.4： 次の表は，1925 年から 1941 年にとられた牛肉 (セント/ポンド) の価格および，前年の牛肉価格に対する指数 (ある年の牛肉価格/前年の牛肉価格 ×100(％)) である．

年	1925	1926	1927	1928	1929	1930	1931
牛肉の価格	59.7	59.7	63.0	71.0	71.0	74.2	72.1
指数 (%)	-	100.0	105.5	112.7	100.0	104.5	97.2

年	1932	1933	1934	1935	1936	1937
牛肉の価格	79.0	73.1	70.2	82.2	68.4	73.0
指数 (%)	109.6	92.3	96.0	117.1	83.2	106.7

T. V. Waugh, *Graphic Analysis in Agricultural Economics*, U.S. Department of Agriculuture, 1957.

また，下の折れ線グラフは，牛肉価格と指数の変化を表している．

(1) 折れ線グラフの解釈として誤っているものを 1 つ選びなさい．

(a) 1925 年の牛肉価格が最も低く，1935 年の牛肉価格が最も高い．

(b) 1933 年から 1935 年まで牛肉価格が価格上昇した後，減少傾向を示している．

(c) 1926 年から 1928 年まで前年度の指数が上昇していることから，上昇率が上がっている．

(d) 1933 年から 1934 年のあいだに指数が上昇しているので，牛肉価格も上昇している．

(2) 指数に対する幾何平均を求めなさい．

3 確率の基礎

●**本章の目標**●

1. 確率の定義について理解する．
2. 和事象・積事象における確率の定義について理解する．
3. 条件付き確率，およびベイズの定理の意味について理解する．

3.1 確率の定義

いま，サイコロ投げを考える．サイコロ投げの結果は，「1」から「6」までの数値をとる．このとき，「1」の目が出るという事柄を**事象**といい，A_1 で表す．$A_i\ (i = 1, 2, \cdots, 6)$ を「i」の目が出る事象とする．また，事象が起こることを「**生起する**」と呼ぶ．

サイコロ投げでは，$U = \{1, 2, 3, 4, 5, 6\}$ のいずれかしか生起しない．このとき，すべての事象の集合 U を**全事象** (**標本空間**) といい，それぞれの事象「1」，「2」，…，「6」はこれ以上事象を分けることができないことから**根元事象**という．

そして，事象の生起しやすさの程度を表す数値が**確率**である．

> ❖**確率の定義**
>
> 事象 A が起こる確率 $\Pr(A)$ は
> $$\Pr(A) = \frac{\text{事象 } A \text{ が起こる場合の数}}{\text{起こり得るすべての場合の数}} = \frac{n(A)}{n(U)}$$
> のように定義される．ここに，$\Pr$ は確率を表す記号である．

ここで，起こり得るすべての場合の数 $n(U)$ とは，全事象の個数であり，サイコロ投げの例では $n(U) = 6$ である．また，事象 A が起こる場合の数とは，根元事象の個数であり，サイコロ投げの例では $n(A_1) = 1$ である．つまり，サイコロ投げで「1」が出る確率 $\Pr(A_1)$ は，

$$\Pr(A_1) = \frac{1\text{ が出る場合の数}}{1, 2, \ldots, 6 \text{ が出る場合の数}} = \frac{1}{6}$$

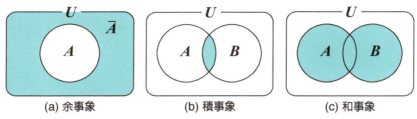

図 3.1 諸事象のベン図

である．

事象 A が起きないとする逆の事象のことを **余事象** といい，$\bar{A}$ で表す．図 3.1(a) は，余事象を図式化したものであり，**ベン** (Venn) **図** と呼ばれる．ベン図とは，集合の範囲を視覚化したものである．余事象 $\bar{A}$ では，全事象 U のなかで事象 A 以外の部分集合を現している．したがって，事象 A の余事象の確率 $\Pr(\bar{A})$ は，

> ❖ **余事象の確率**
>
> $$\Pr(\bar{A}) = 1 - \Pr(A)$$

である．

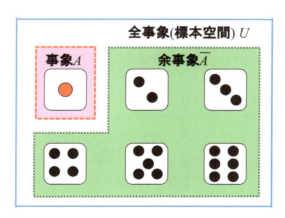

図 3.2 サイコロ投げにおける事象と余事象

例 3.1：図 3.2 にサイコロ投げの例を示す．サイコロ投げで「1」が出る事象 A_1 を考えるとき「2,3,4,5,6」のいずれかが出る事象が余事象になる．つまり，事象 A_1 の余事象の確率 $\Pr(\bar{A}_1)$ は

$$\Pr(\bar{A}_1) = \frac{2,3,\ldots,6\,\text{が出る場合の数}}{1,2,\ldots,6\,\text{が出る場合の数}} = \frac{5}{6}$$

である．

3.2 積事象と和事象

いま，2 個の事象 A, B があるとき，事象 A, B が同時に生起することを**積事象**といい，$A \cap B$ で表す．他方，事象 A, B のいずれかが生起することを**和事象**といい $A \cup B$ で表す．図 3.1(b) は積事象を表すベン図であり，図 3.1(c) は和事象を表すベン図である．和事象では，事象 A, B のそれぞれの事象を表す円のなかで，積事象 $A \cap B$ が重複している．そのため，和事象の確率 $\Pr(A \cup B)$ は，それぞれの事象が生起する確率 $\Pr(A), \Pr(B)$ から，重複する部分である積事象の確率 $\Pr(A \cap B)$ を差分しなければならない．したがって，和事象と積事象の確率には，次のような関係がある．

❖和事象と積事象の関係

いま，2 つの事象 A, B があるとき，和事象の確率 $\Pr(A \cup B)$ と積事象の確率 $\Pr(A \cap B)$ には

$$\Pr(A \cup B) = \Pr(A) + \Pr(B) - \Pr(A \cap B)$$

の関係がある．

例 3.2：ここでは，大阪と東京の天気予報について考える．大阪で晴れる確率を $\Pr(A_{大阪}) = 0.30$，東京で晴れる確率を $\Pr(A_{東京}) = 0.40$ とする．また，大阪と東京の両方が晴れる積事象の確率を $\Pr(A_{大阪} \cap A_{東京}) = 0.10$ とする．このとき，東京あるいは大阪のいずれかが晴れる和事象の確率 $\Pr(A_{大阪} \cup A_{東京})$ は

$$\Pr(A_{大阪} \cup A_{東京}) = \Pr(A_{大阪}) + \Pr(A_{東京}) - \Pr(A_{大阪} \cap A_{東京})$$
$$= 0.30 + 0.40 - 0.10 = 0.60$$

である．

3.2.1 独立事象での積事象の確率

2個の事象 A, B に関連がないことを**独立性**,その事象を**独立事象**という.たとえば,2回のサイコロ投げを行ったとき,1回目で「1」が出たからといって,2回目で「1」が出る確率に変化はない(何回サイコロ投げをやっても「1」が出る確率は $\frac{1}{6}$ である).すなわち,1回目と2回目のサイコロ投げは独立事象である.

独立事象での積事象の確率は,次のように定義される.

> **❖独立事象における積事象の確率**
>
> 2個の事象 A, B が独立事象のとき,それらの積事象の確率は
> $$\Pr(A \cap B) = \Pr(A) \cdot \Pr(B)$$
> で与えられる.

例 3.3: 2回のサイコロ投げにおいて,1回目で「1」が出る事象を A_1,2回目で「1」が出る事象を B_1 とするとき,1回目と2回目のいずれでも「1」が出る積事象の確率は,
$$\Pr(A_1 \cap B_1) = \Pr(A_1) \cdot \Pr(B_1) = \frac{1}{6} \times \frac{1}{6} = \frac{1}{36}$$
になる.

3.2.2 排反での和事象の確率

2個の事象 A, B において,事象 A が生起したときに事象 B が生起しないことを**排反**という.たとえば,サイコロ投げで「1」が出たときに「2」が出ることがない.すなわち,サイコロ投げは排反である.

2個の事象 A, B が排反のとき,積事象の確率は $\Pr(A \cap B) = 0$ である.したがって,2個の事象 A, B の和事象の確率 $\Pr(A \cup B)$ は,次のように簡略化される.

> **❖2個の事象が排反のときの和事象の確率**
>
> 2個の事象 A, B が排反のとき,それらの和事象の確率は
> $$\Pr(A \cup B) = \Pr(A) + \Pr(B)$$
> で与えられる.

例 3.4：サイコロ投げにおいて，「1」が出る事象を A_1，「2」が出る事象を A_2 とするとき，「1」あるいは「2」のいずれかが出る和事象の確率は，

$$\Pr(A_1 \cup A_2) = \Pr(A_1) + \Pr(A_2) = \frac{1}{6} + \frac{1}{6} = \frac{1}{3}$$

になる．

3.3 条件付き確率

ある事象 B が生起したという条件のもとで別の事象 A が生起する確率を**条件付き確率**といい，$\Pr(A|B)$ で表す．条件付き確率 $\Pr(A|B)$ は次のように定義される．

> ❖**条件付き確率**
> 2個の事象 A, B があるとき，事象 B が生起したときの事象 A が生起する条件付き確率は
> $$\Pr(A|B) = \frac{\Pr(A \cap B)}{\Pr(B)}$$
> で与えられる．

例 3.5：例 3.2 と同様に天気の例を用いる．東京で晴れる確率を $\Pr(A_{東京}) = 0.40$ とし，大阪と東京の両方が晴れる積事象の確率を $\Pr(A_{大阪} \cap A_{東京}) = 0.10$ とする．このとき，東京が晴れたときに大阪が晴れる条件付き確率 $\Pr(A_{大阪}|A_{東京})$ は

$$\Pr(A_{大阪}|A_{東京}) = \frac{\Pr(A_{大阪} \cap A_{東京})}{\Pr(A_{東京})} = \frac{0.10}{0.40} = 0.25$$

である．

また，事象 A, B が独立事象の場合には，$\Pr(A \cap B) = \Pr(A) \cdot \Pr(B)$ なので，条件付き確率は，

$$\Pr(A|B) = \frac{\Pr(A) \cdot \Pr(B)}{\Pr(B)} = \Pr(A)$$

になる．

例 3.6：2 回のサイコロ投げにおいて，1 回目で「1」が出る事象を B_1，2 回目で「1」が出る事象を A_1 とするとき．1 回目に「1」が出たときに，2 回目に「1」が出る条件付き確率 $\Pr(A_1|B_1)$ は，A_1 と B_1 が独立事象であることから，

$$\Pr(A_1|B_1) = \frac{\frac{1}{6} \times \frac{1}{6}}{\frac{1}{6}} = \frac{1}{6}$$

である．

3.4 ベイズの定理

条件付き確率 $\Pr(A|B)$ の事象 A と事象 B の条件部分を逆にして，条件付き確率 $\Pr(B|A)$ を求めることができる．このときに用いられる公式を**ベイズ** (Bayes) **の定理**という．ベイズの定理は次のように定義される．

> ❖ **ベイズの定理**
>
> 2 個の事象 A, B があるとき，ベイズの定理は
> $$\Pr(B|A) = \frac{\Pr(A|B) \cdot \Pr(B)}{\Pr(A|B) \cdot \Pr(B) + \Pr(A|\bar{B}) \cdot \Pr(\bar{B})}$$
> で与えられる．ここで，$\Pr(\bar{B}) = 1 - \Pr(B)$ である．

例 3.7：いま，ある検査で陽性と診断される事象 A，実際に疾患である事象 B を考える．これまでの調査から疾患の確率は $\Pr(B) = 0.001$ であり，疾患患者が検査で陽性と診断される条件付き確率は $\Pr(A|B) = 0.80$，非疾患患者が陽性と診断される条件付き確率は $\Pr(A|\bar{B}) = 0.10$ であることがわかっている．ある被験者がこの検査を受診したところ陽性と診断された．このとき，陽性と診断された被験者が疾患である条件付き確率 $\Pr(B|A)$ はベイズの定理を用いて，

$$\Pr(B|A) = \frac{\Pr(A|B) \cdot \Pr(B)}{\Pr(A|B) \cdot \Pr(B) + \Pr(A|\bar{B}) \cdot \Pr(\bar{B})}$$
$$= \frac{0.80 \times 0.001}{0.80 \times 0.001 + 0.10 \times (1 - 0.001)} = 0.0079$$

となる．したがって，陽性と診断された被験者が疾患である確率は 0.0079 である．

さらに，原因となる n 個の事象 $B_i (i = 1, 2, \ldots, n)$ が，互いに背反とし，結果として起きる事象を A とするときの，$\Pr(B_i|A)$ をベイズの定理により計算する方法を説明する．まず，このときの条件付き確率は

$$\Pr(B_i|A) = \frac{\Pr(B_i \cap A)}{\Pr(A)}$$

である．条件付き確率の公式より，積事象の確率は

$$\Pr(B_i \cap A) = \Pr(B_i) \cdot \Pr(A|B_i)$$

で表すことができるので，上式は

$$\Pr(B_i|A) = \frac{\Pr(A|B_i) \cdot \Pr(B_i)}{\Pr(A)} \tag{3.1}$$

である．さらに，事象 B_i は互いに背反なので

$$\begin{aligned}\Pr(A) &= \Pr((A \cap B_1) \cup (A \cap B_2) \cup \cdots \cup (A \cap B_n)) \\ &= \Pr(A \cap B_1) + \Pr(A \cap B_2) + \cdots + \Pr(A \cap B_n) \\ &= \Pr(B_1) \cdot \Pr(A|B_1) + \Pr(B_2) \cdot \Pr(A|B_2) + \cdots + \Pr(B_n) \cdot \Pr(A|B_n) \\ &= \sum_{j=1}^{n} \Pr(B_j) \cdot \Pr(A|B_j)\end{aligned}$$

である．上式を式 (3.1) に代入すると

$$\Pr(B_i|A) = \frac{\Pr(A|B_i) \cdot \Pr(B_i)}{\displaystyle\sum_{j=1}^{n} \Pr(B_j) \cdot \Pr(A|B_j)}$$

になる．

例 3.8： ある工場では，P 社製，S 社製，H 社製の 3 個の機械でパソコンを生産している．このとき，P 社製の機械では全製品の 50 パーセント，S 社製の機械では全製品の 30 パーセント，H 社製の機械では全製品の 20 パーセントを生産している．P 社製の機械で生産される製品のうち 5 パーセント，S 社製で生産されている製品のうち 3 パーセント，H 社製で生産されている製品のうち 2 パーセントが不良品である．製品チェックで抽出した製品が不良品だったとき，それが P 社製である確率を求める．

機械が P 社製である事象を B_1，S 社製である事象を B_2，H 社製である事象を B_3 とし，不良品であるという事象を A とすると，

$$\Pr(B_1) = 0.50, \quad \Pr(B_2) = 0.30, \quad \Pr(B_3) = 0.20,$$
$$\Pr(A|B_1) = 0.05, \quad \Pr(A|B_2) = 0.03, \quad \Pr(A|B_3) = 0.02$$

である．

したがって，製品チェックで抽出した製品が不良品だったとき，それが P 社製である確率は，ベイズの定理より

$$\Pr(B_1|A) = \frac{\Pr(B_1) \cdot \Pr(A|B_1)}{\Pr(B_1) \cdot \Pr(A|B_1) + \Pr(B_2) \cdot \Pr(A|B_2) + \Pr(B_3) \cdot \Pr(A|B_3)}$$
$$= \frac{0.50 \times 0.05}{0.50 \times 0.05 + 0.30 \times 0.03 + 0.20 \times 0.02}$$
$$= 0.658$$

である．

3.5 章末問題

問題 3.1： いま，3 回のコイン投げを考える．このとき，2 回以上表が出る確率を求めなさい．

問題 3.2： 新幹線指定席の座席は，横一列に 5 席存在し，端の 2 列が窓側になる．指定席をランダムに購入するとき，3 人 (A さん，B さん，C さん) が 3 枚の指定席を購入した場合に 1 人だけが窓側になる確率を求めなさい．

問題 3.3： ある農産物直売所では，48 パーセントの顧客が「とうもろこし」を購入し，34 パーセントの顧客が「キャベツ」を購入している．また，両方の商品を購入した顧客は 16 パーセントである．「とうもろこし」あるいは「キャベツ」のいずれかを購入した確率を求めなさい．

問題 3.4： ある工場では，P 社製，S 社製の 2 個の機械でデジカメを生産している．このとき，P 社製の機械では，全製品の 55 パーセントを生産している．P 社製の機械で生産される製品のうち，5 パーセントが不良品であり，S 社製の場合には，3 パーセントが不良品である．このとき，生産された製品から無作為に 1 個を抽出したとき，P 社製でかつ不良品である確率を計算しなさい．

問題 3.5： A さんが 1 日あたりに受け取るメールのうち，スパムフィルタが迷惑メールと判断する確率は 0.4 であり，通常メール (迷惑メールでないもの) と判断する確率は，0.6 である．また，迷惑メールと判断されたメールのうち，「ロト予想」という subject が含まれていた確率が 0.25 であり，通常メールと判断されたメールのうち，「ロト予想」という subject が含まれていた確率が 0.05 である．このとき，「ロト予想」という subject が含まれたメールが届いたときに，スパムフィルタが迷惑メールと判断できる確率を求めなさい．

問題 3.6： ことわざに「3 人寄れば文殊の知恵」という言葉がある．いま，3 人 (A さん，B さん，C さん) のそれぞれが個別に正解を見出せる確率を p(全員同じとする) とする．彼らが多数決で意思決定を行ったときに正解を見出せる確率を P とするとき，P を求めなさい．

4 確率分布

●**本章の目標**●

1. 確率分布の定義について理解する.
2. 諸種の確率分布について理解する.
3. 正規分布表の使い方について理解する.

4.1 確率変数と確率分布

4.1.1 確率変数

第3章と同様に,サイコロ投げを考える.サイコロ投げの結果を変数 X で表すと,「1が出た」という事象は,$X = 1$ で表され,その確率 $\Pr(X = 1)$ は

$$\Pr(X = 1) = \frac{1}{6}$$

である.すなわち,変数がある値をとることは,確率によって決まっていると考えることができる.そのため,変数 X は,**確率変数**と呼ばれる.そして,実際に起きたこと (たとえば1が出た) を**実現値** x という.

サイコロ投げでは,1〜6の目が出る確率は,それぞれ $\frac{1}{6}$ である.この,実現値と確率の対応関係を**確率分布** (あるいは単に**分布**) という.

4.1.2 離散型確率分布

サイコロ投げの場合,確率変数 X の実現値 x の値は1から6までのいずれかをとる.このように実現値の数が有限であるときの確率変数 X を**離散型確率変数**と呼ぶ.また,このときの確率分布を**離散型確率分布**という.

(a) 確率関数

先ほどの例では,サイコロ投げを行ったところ,$x = 1$ が生起した.サイコロ投げは,それぞれの目が出る確率は,$\frac{1}{6}$ である.離散型確率変数 X が実現値 x をとる確率を関数で表したものを**確率関数** $f(x)$ という.とくに,サイコロの場合は,どの目も均一に出る.その確率分布は離散一様分布と呼ばれ,その確

率関数は，

$$f(x) = \begin{cases} \frac{1}{6} & , x = 1, 2, 3, 4, 5, 6 \\ 0 & , その他 \end{cases}$$

で与えられる．離散型確率変数 X の実現値 x が任意の確率分布から得られることを，「○○ 分布に従う」（今回の場合には，離散一様分布に従う）と呼ばれる．

離散型確率分布における確率関数の定義を以下に示す．

> **❖確率関数の定義**
>
> **定義 1**：実現値 x の可能なすべての値がとる確率の和は 1 である．いま，確率関数 $f(x)$ が K 個の実現値 $x_1, x_2, \ldots, x_K$ のいずれかをとるとき，
>
> $$\sum_{k=1}^{K} f(x_k) = 1$$
>
> である．
>
> **定義 2**：実現値 x の確率関数の値は非負であり 1 以下である．すなわち，確率関数 $f(x_k)$ がとる範囲は，
>
> $$0 \leq f(x_k) \leq 1$$
>
> である．

定義 1 について，サイコロ投げを例にすると，

$$\sum_{k=1}^{6} f(x_k) = f(1) + f(2) + f(3) + f(4) + f(5) + f(6)$$
$$= \frac{1}{6} + \frac{1}{6} + \frac{1}{6} + \frac{1}{6} + \frac{1}{6} + \frac{1}{6} = 1$$

を意味する．すなわち，サイコロ投げにおいて，「1」から「6」までのいずれかをとる確率を意味する．

定義 2 について，確率関数 $f(x)$ は，確率変数 X が実現値 x である確率を表しており，確率は 0 から 1 までの範囲をとることから，ごくあたりまえのことである．

例 4.1：いま，箱のなかに 1 から 6 までの数字が書かれているカードが入っている．この箱のなかに入っているカードの数およびランダムに抜き取ったときの確率を表 4.1 に示す．

表 4.1 カードの抜き取りにおける確率分布

カード	1	2	3	4	5	6
枚数	1	3	2	1	2	1
確率	0.1	0.3	0.2	0.1	0.2	0.1

このとき,「3」のカードが出る確率は, $\Pr(X=3) = f(3) = 0.2$ である.

(b) 離散型確率分布における累積分布関数

離散型確率関数において,実現値 x 以下の値をとる確率を表す関数 $F(x)$ は,

$$F(x) = \Pr(X \leq x) = \sum_{u \leq x} f(u) \tag{4.1}$$

で表すことができる.このとき,関数 $F(x)$ は,**累積分布関数** (分布関数) といい,累積分布関数を用いて計算された確率 (x 以下の値をとる確率) を **累積確率** という.

例 4.2: 表 4.1 のカードの抜き取りの例において,3 以下のカードが出る累積確率 $F(3)$ は,

$$F(3) = f(1) + f(2) + (3) = 0.1 + 0.3 + 0.2 = 0.6$$

である.

(c) 離散型確率分布における期待値と分散

確率分布のもとで,平均的にとることが期待される値のことを**期待値** $\mathrm{E}(X)$ といい,確率分布の散らばりを**分散** $\mathrm{Var}(X)$ という.離散型確率分布における期待値と分散は,以下のように定義される.

❖ 離散型確率分布における期待値と分散

期待値:いま,確率関数 $f(x_k), k=1,\ldots,K$ の離散型確率分布の期待値 $\mathrm{E}(X)$ は,

$$\mathrm{E}(X) = \mu = \sum_{k=1}^{K} x_k \cdot f(x_k) \tag{4.2}$$

で与えられる.

分散:分散 $\mathrm{Var}(X)$ は,

$$\mathrm{Var}(X) = \sigma^2 = \sum_{k=1}^{K} (x_k - \mu)^2 \cdot f(x_k) \tag{4.3}$$

で与えられる．

例 4.3： 表 4.1 のカードの抜き取りの例における期待値 $\mathrm{E}(X)$ は，式 (4.2) を用いることで，

$$\mathrm{E}(X) = (1 \times 0.1) + (2 \times 0.3) + (3 \times 0.2) + (4 \times 0.1) + (5 \times 0.2) + (6 \times 0.1)$$
$$= 3.3$$

である．

また，分散 $\mathrm{Var}(X)$ は，式 (4.3) を用いて，

$$\mathrm{Var}(X) = (5.29 \times 0.1) + (1.69 \times 0.3) + (0.09 \times 0.2) + (0.49 \times 0.1)$$
$$+ (2.89 \times 0.2) + (7.29 \times 0.1) = 2.41$$

である．

期待値 $\mathrm{E}(X)$ および分散 $\mathrm{Var}(X)$ には，次の性質がある．

❖ 期待値と分散の性質

性質 1：いま，a, b を任意の定数とするとき，$aX+b$ の期待値 $\mathrm{E}(aX+b)$，分散 $\mathrm{Var}(aX+b)$ は，

$$\mathrm{E}(aX+b) = a\mathrm{E}(X) + b \tag{4.4}$$
$$\mathrm{Var}(aX+b) = a^2 \mathrm{Var}(X) \tag{4.5}$$

で与えられる．

性質 2：分散 $\mathrm{Var}(X)$ は期待値 $\mathrm{E}(X)$ を用いることで，

$$\mathrm{Var}(X) = \mathrm{E}(X^2) - \mathrm{E}(X)^2 \tag{4.6}$$

で与えられる．

まず，式 (4.4) を証明する．$Y = aX+b$ とおいても，実現値 $y_i = ax_i + b$ をとる確率は，$f(x_i)$ なので，

$$\mathrm{E}(aX+b) = \sum_{k=1}^{K}(ax_k+b)f(x_k) = \sum_{k=1}^{K}\{ax_k f(x_k) + bf(x_k)\}$$
$$= a\sum_{k=1}^{K} x_k f(x_k) + b\sum_{k=1}^{K} f(x_k) = a\mathrm{E}(X)$$

である.次に,式 (4.5) を証明する.$\mu = \mathrm{E}(X)$ とすると,$\mathrm{E}(aX+b) = a\mu + b$ なので,

$$\mathrm{Var}(aX+b) = \sum_{k=1}^{K}\{(ax_k+b)-(a\mu+b)\}^2 f(x_k) = \sum_{k=1}^{K}(ax_k-a\mu)^2 f(x_k)$$
$$= a^2 \sum_{k=1}^{K}(x_k-\mu)^2 f(x_k) = a^2 \mathrm{Var}(X)$$

である.最後に,式 (4.6) は,

$$\mathrm{Var}(X) = \sum_{k=1}^{K}(x_k-\mu)^2 f(x_k)$$
$$= \sum_{k=1}^{K} x_k^2 f(x_k) - 2\mu \sum_{k=1}^{K} x_k f(x_k) + \mu^2 \sum_{k=1}^{K} f(x_k)$$
$$= \mathrm{E}(X^2) + \mathrm{E}(X)^2$$

である.なお,4.1.3 項の連続型確率分布の期待値および分散においても,同様の性質をもつ.

4.1.3 連続型確率分布

(a) 連続型確率分布の定義

成人男性の身長や体重などは,全事象数が非常にたくさん存在し,理論的には無限に存在すると考えられる (そのため,記述統計学では級分けを行っている).たとえば,ある測定器で 170cm と計測されたとしても,超高精度な測定器を使うと,170.00001cm かもしれないし,さらに測定器の精度が向上した場合,値が異なるかもしれない.このように,確率変数 X がとり得る実現値の数が無限に存在する場合の確率変数を**連続型確率変数**と呼び,その確率分布を**連続型確率分布**という.

(b) 確率密度関数

確率の定義では,事象が生起する確率は (事象の場合の数)/(全事象の数) で与えられるが,連続型確率変数の場合には,全事象の数は無限大 ∞ なので,それぞれの実現値 x が得られる確率が 0 になってしまう.そのため,連続型確率変数では,確率の計算を**範囲 $a \leq X \leq b$ をとる確率**として行う.このとき,確率を計算するもととなる関数を**確率密度関数** (あるいは単に**密度関数**) という.

そして，範囲 $a \leq x \leq b$ をとる確率は
$$\Pr(a \leq X \leq b) = \int_a^b f(x)\mathrm{d}x \tag{4.7}$$
で表される．確率密度関数の定義を以下に示す．

> **❖確率密度関数の定義**
>
> **定義 1**：連続型確率分布では実現値 a をとる確率は 0 である．
> $$\Pr(X = a) = \int_a^a f(x)\mathrm{d}x = 0$$
>
> **定義 2**：確率密度関数は確率をつかさどるため，$(-\infty, \infty)$ の範囲で積分すると，1 になる．
> $$\int_{-\infty}^{\infty} f(x)\mathrm{d}x = 1$$
>
> **定義 3**：定義 1 でも触れたが，実現値 a をとる確率は 0 である．つまり，境界値を含むか否かは関係ない．
> $$\int_a^b f(x)\mathrm{d}x = \Pr(a \leq X \leq b) = \Pr(a < X \leq b)$$
> $$= \Pr(a \leq X < b) = \Pr(a < X < b)$$

例 4.4：A さんは，8 時から 9 時の間に駅のホームに到着する．ただし，その可能性は，この 60 分の間のどの瞬間も同じであるとする．電車は，8 時 20 分と 8 時 50 分に発車する．A さんが電車を待つ時間が 10 分を超えない確率を求める．

8 時 00 分からの時間を確率変数 X(分) とすると，確率密度関数は
$$f(x) = \begin{cases} \frac{1}{60} &, 0 \leq x \leq 60 \\ 0 &, その他 \end{cases}$$
である．A さんが電車を待つ時間が 10 分を超えない確率は，
$$\Pr(10 \leq X \leq 20) + \Pr(40 \leq X \leq 50) = \int_{10}^{20} \frac{1}{60}\mathrm{d}x + \int_{40}^{50} \frac{1}{60}\mathrm{d}x$$
$$= \left[\frac{x}{60}\right]_{10}^{20} + \left[\frac{x}{60}\right]_{40}^{50} = \frac{10}{60} + \frac{10}{60} = 0.334$$

である．

(c) 連続型確率分布における累積分布関数

連続型確率変数 X において，x 以下をとる確率を表す関数を**累積分布関数** $F(x)$ という．累積分布関数の定義を以下に示す．

> ❖**連続型確率分布における累積分布関数の定義**
>
> 確率密度関数 $f(x)$ で分布する連続型確率変数 X が，実現値 x 以下をとる確率を表す累積分布関数 $F(x)$ は，
>
> $$F(x) = \Pr(X \leq x) = \int_{-\infty}^{x} f(u) \mathrm{d}u \tag{4.8}$$
>
> で定義される．

累積分布関数では，確率 $p = \Pr(X \leq x)$(確率変数 X が実現値 x 以下をとる確率) である．これに対して，確率 p が与えられた際に，確率 p と実現値 x の関係を考えることがある．図 4.1 は，確率密度関数および累積分布関数を示している．図 4.1(a) は，確率密度関数 $f(x)$ の曲線における累積分布関数 $F(x)$ の意味を表している．式 (4.8) からもわかるように，累積分布関数 $F(x)$ は，$-\infty$ から実現値 x までの範囲の $f(x)$ と X 軸が囲む図形の面積 (積分) である．図 4.1(b) は，累積分布関数 $F(x)$ を表している．累積分布関数 $F(x)$ は，非負の単調関数であり，0 から 1 までの範囲をとる．これは，確率密度関数の定義および累積分布関数の定義から平易に理解できる．

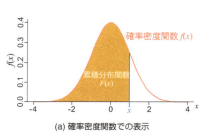 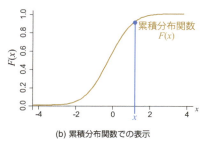

(a) 確率密度関数での表示　　　(b) 累積分布関数での表示

図 4.1　累積分布関数の略説

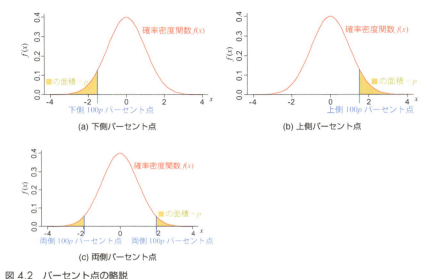

図 4.2 パーセント点の略説

(d) 連続型確率分布における期待値と分散

いま，確率密度関数 $f(x)$ の連続型確率分布の期待値 $\mathrm{E}(X)$ および分散 $\mathrm{Var}(X)$ について考える．連続型確率分布では，確率変数 X がとり得る値は有限個ではなく，$-\infty$ から ∞ までの範囲をとり得る．したがって，連続型確率分布における期待値 $\mathrm{E}(X)$ および分散 $\mathrm{Var}(X)$ は，離散型確率分布における期待値 (4.2) および分散 (4.3) の総和 Σ を $-\infty$ から ∞ までの範囲の積分に変更することで，次のように定義される．

> ❖ **連続型確率分布における期待値と分散**
>
> **期待値**：いま，確率密度関数 $f(x)$ の連続型確率分布の期待値 $\mathrm{E}(X)$ は
>
> $$\mathrm{E}(X) = \mu = \int_{-\infty}^{\infty} x \cdot f(x) \mathrm{d}x \tag{4.9}$$
>
> で与えられる．
>
> **分散**：分散 $\mathrm{Var}(X)$ は
>
> $$\mathrm{Var}(X) = \sigma^2 = \int_{-\infty}^{\infty} (x-\mu)^2 \cdot f(x) \mathrm{d}x \tag{4.10}$$
>
> で与えられる．

例 4.5： A さんの駅のホームへの到着時刻 (分) の分布 (連続一様分布) の期待値および分散を求める．この確率分布では，実現値 x は 0 から 60 の範囲のみをとることから，

$$期待値: \mathrm{E}(X) = \int_0^{60} \frac{x}{60} \mathrm{d}x = \left[\frac{x^2}{2 \times 60}\right]_0^{60} = 30$$

$$分散: \mathrm{Var}(X) = \mathrm{E}(X^2) - \mathrm{E}(X)^2 = \int_0^{60} \frac{x^2}{60} \mathrm{d}x - 30^2$$

$$= \left[\frac{x^3}{3 \times 60}\right]_0^{60} - 900 = 300$$

である．

(e) パーセント点

累積分布関数 $F(x)$ では，「確率変数 X が実現値 x 以下になる確率」を表している．これに対して，「累積分布関数 $F(x)$ において，確率が $p = \Pr(X \leq x)$ になるときの実現値 x」のことを**下側** $100 \cdot p$ **パーセント点**という (図 4.2(a))．同様に，$p = \Pr(X \geq x)$ になるときの実現値 x を**上側** $100 \cdot p$ **パーセント点** (図 4.2(b))，$p/2 = \Pr(X \geq |x|)$ になるときの 2 個の実現値を**両側** $100 \cdot p$ **パーセント点** (図 4.2(c)) という．ここで，両側パーセント点には，下側パーセント点 $p/2 = \Pr(X \leq x)$ と上側パーセント点 $p/2 = \Pr(X \geq x)$ の 2 つがあり，それぞれの確率の和が p になるように定義されている点に注意しなければならない．

4.1.4 チェビシェフの不等式と大数の法則

(a) チェビシェフの不等式

任意の確率変数 X が，期待値 μ と分散 σ^2 をもつ確率分布に従うとき，次のような不等式を**チェビシェフの不等式**という．

> **❖チェビシェフの不等式**
>
> いま，期待値 μ と分散 σ^2 をもつ確率分布に従う確率変数 X があるとする．このとき，任意の定数 $c > 0$ に対して，次の不等式が成り立つ．
>
> $$\Pr(|X - \mu| \geq c\sigma) \leq \frac{1}{c^2} \tag{4.11}$$

例 4.6： ある予備校では，10,000 人の受講者が数学の全国共通模擬試験を実施した．この模擬試験は，平均 $\mu = 70$ 点，標準偏差 $\sigma = 5$ だった．このとき，「60 点以上 80 点未満の生徒は少なくても何人以上いるか」をチェビシェフの不等式を用いて計算する．

いま，$60 \leq X < 80$ の範囲で $|X-70| \geq 5c$ を満たす，最大の c は，$c = \dfrac{10}{5} = 2$ の場合である．よって，この範囲に含まれる確率は，チェビシェフの不等式 (4.11) より，

$$\Pr(|X - 70| \geq 2 \times 5) \leq 1 - \frac{1}{4} = 0.75$$

である．したがって，全体の 75 パーセントが 60 点以上 80 点未満の範囲にいることになる．つまり，$10,000 \times 0.75 = 7,500$ 人が該当する．

(b) 大数の法則

確率変数 $X_1, X_2, \ldots, X_n$ が独立に平均 μ の確率分布に従うとする．このとき，$n \to \infty$ において確率変数の平均 $\bar{X}$ が μ に収束する．このことを，**大数の (弱) 法則**という (離散型確率分布の場合には，試行回数 n を増加するほど，生起確率 p に近づく)．

図 4.3 は，コイン投げをシミュレーションしたときの結果である．ここで，横軸は，コイン投げの回数 (試行回数) であり，縦軸は，表が出た割合を表してい

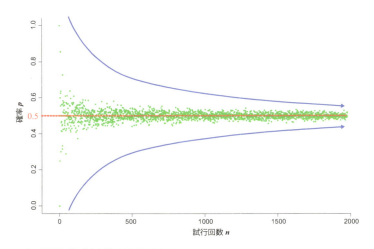

図 4.3　コイン投げに基づく大数の法則の例示

る．コイン投げの回数が増加するほど，真の確率 $p = 0.5$ に近づいていることがわかる．このように，真のパラメータ (図 4.3 の例では確率) に近づくことを**確率収束**するという．

4.2 代表的な離散型確率分布
4.2.1 2項分布
(a) ベルヌーイ試行とベルヌーイ分布

裏表が同じ確率で出る 1 枚のコインを投げ，表が出たら $x = 1$，裏が出たら $x = 0$ をとる確率変数 X を考える．このとき，1 回目のコインで表が出たからといって，2 回目のコイン投げの確率が変化することはない．すなわち，コイン投げは独立事象である．また，コイン投げを何回行っても，確率は変化しない．このように，各回の試行で，事象の確率が同一であり，かつ独立ならば，この試行は**ベルヌーイ** (Bernoulli) **試行**と呼ばれる．そして，このときの離散型確率分布は，**ベルヌーイ分布**と呼ばれる．ベルヌーイ分布の確率関数は次のように与えられる．

> **❖ベルヌーイ分布の確率関数**
>
> いま，事象がベルヌーイ試行のとき，確率を p とすると，x はベルヌーイ分布で起き得る．このことを x はベルヌーイ分布 $\mathrm{Be}(p)$ に従うという．確率関数は，
> $$f(x) = \begin{cases} p & , x = 1 \\ 1-p & , x = 0 \end{cases} \tag{4.12}$$
> である．

また，期待値は，式 (4.12) を期待値の公式 (4.2) に代入することで，
$$\mathrm{E}(X) = 0 \cdot (1-p) + 1 \cdot p = p$$
で与えられる．また，分散は，式 (4.12) を分散の公式 (4.3) に代入することで，
$$\mathrm{Var}(X) = (0-p)^2 \cdot (1-p) + (1-p)^2 \cdot p = p \cdot (1-p)$$
で与えられる．

たとえば，コイン投げの例示の場合の期待値 $\mathrm{E}(X)$ および分散 $\mathrm{Var}(X)$ は，それぞれ

$$\mathrm{E}(X) = \frac{1}{2}, \quad \mathrm{Var}(X) = \frac{1}{2} \times (1 - \frac{1}{2}) = \frac{1}{4}$$

である.

(b) 2項分布の定義

裏表が同じ確率で出る1枚のコインを n 回投げ,表が出る回数の確率変数 X を考える.前述したように,それぞれのコイン投げは,ベルヌーイ試行である. n 回のコイン投げのように,n 回のベルヌーイ試行のうち,x 回成功し,各回の成功確率が p(一定) で,かつ各試行が独立なとき,その成功回数 x は **2項分布** $Bin(n,p)$ に従う (統計学では,$X \sim Bin(n,p)$ と書くことが多い).

> **❖ 2項分布の確率関数および累積分布関数**
>
> いま,成功確率 p のベルヌーイ試行において,試行回数 n のうち,成功回数が x 回のときの確率関数 $f(x)$ は
>
> $$f(x) = {}_n\mathrm{C}_x p^x (1-p)^{n-x}, \quad x = 0, 1, 2, \ldots, n \tag{4.13}$$
>
> である (並べ替え ${}_n\mathrm{C}_x$ については,4.5節を参照).
> また,累積分布関数 $F(x)$ は
>
> $$F(x) = \sum_{u \leq x} {}_n\mathrm{C}_u p^u (1-p)^{n-u} \tag{4.14}$$
>
> である.

このとき期待値 $\mathrm{E}(X)$ および $\mathrm{Var}(X)$ は,それぞれ

$$\mathrm{E}(X) = np, \quad \mathrm{Var}(X) = np(1-p)$$

である.

また,2項分布 $Bin(n_1, p_1)$ に従う確率変数 X_1 と $Bin(n_2, p_2)$ に従う確率変数 X_2 の和 $X_1 + X_2$ の確率分布は,2項分布 $Bin(n_1 + n_2, p)$ に従う.この性質を **2項分布の再生性** という.

例4.7: ある抗がん剤による腫瘍縮小の確率は 0.6 といわれている.2項分布に従うと仮定したもとで,10人の患者にこの抗がん剤を投与したときの腫瘍縮小の確率を考える.腫瘍が縮小した人数 $x = 0, 1, 2, \ldots, 10$ における確率を図 4.4 に示す (確率関数 (4.13) より計算できる).

たとえば,8人以上が腫瘍縮小する確率は,8〜10人が腫瘍縮小する確率の合

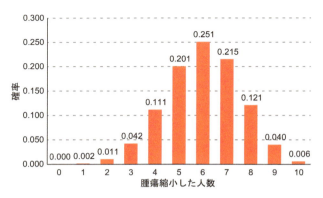

図 4.4 抗がん剤に対する腫瘍縮小の事例における確率

計を計算すればよい．8〜10 人が腫瘍縮小する確率は，2 項分布における確率関数の式 (4.13) を用いて，

$$f(8) = {}_{10}C_8 \times 0.6^8 \times (1-0.6)^{10-8} = 45 \times 0.6^8 \times 0.4^2 = 0.121$$
$$f(9) = {}_{10}C_9 \times 0.6^9 \times (1-0.6)^{10-9} = 10 \times 0.6^9 \times 0.4^1 = 0.040$$
$$f(10) = {}_{10}C_{10} \times 0.6^{10} \times (1-0.6)^{10-10} = 1 \times 0.6^{10} \times 0.4^0 = 0.006$$

である．そして，それらの合計値は，

$$\Pr(X \geq 8) = f(8) + f(9) + f(10) = 0.121 + 0.040 + 0.006 = 0.167$$

である．すなわち，8 人以上が腫瘍縮小する確率は 16.7 パーセントである．

また，期待値 $\mathrm{E}(X)$ および分散 $\mathrm{Var}(X)$ は，

$$\mathrm{E}(X) = 10 \times 0.6 = 6$$
$$\mathrm{Var}(X) = 10 \times 0.6 \times (1-0.6) = 2.4$$

である．

4.2.2 ポアソン分布

宝くじの 1 等の当選確率 p は，$p = 1/10,000,000$ であるといわれている．いま，ある販売店では，宝くじの売り上げ枚数が $10,000,000$ 枚だった．宝くじで 1 等が出るという事象が，ベルヌーイ試行であるとき，この店舗において，1 等当選くじが x 枚出る確率を 2 項分布に基づいて計算はできる．しかしながら，その計算は非常に煩雑である．他方，ベルヌーイ試行において，各試行での成

功確率 p が非常に小さく $(p \to 0)$，試行回数が非常に大きい $(n \to \infty)$ ような場合には，**ポアソン (Poisson) 分布** $\mathrm{Po}(\lambda)$ が用いられる．

ポアソン分布では，平均で λ 回発生する事象が $x(x=1,2,\cdots)$ 回発生する確率として次のように定義される．

> **❖ポアソン分布の確率関数および累積分布関数**
>
> いま，平均で λ 回発生する事象が $x(x=1,2,\cdots)$ 回発生するとき，ポアソン分布の確率関数は
>
> $$f(x) = \frac{e^{-\lambda}\lambda^x}{x!}, \quad x = 0, 1, 2, \ldots \tag{4.15}$$
>
> である．ここに，$e^{-\lambda}$ は，指数関数 ($\exp(-\lambda)$ と書く場合もある) であり，$x! = x \cdot (x-1) \cdots 2 \cdot 1$ である．
>
> また，累積分布関数 $F(x)$ は
>
> $$F(x) = \sum_{u \leq x} \frac{e^{-\lambda}\lambda^u}{u!} \tag{4.16}$$
>
> である．

また，期待値 $\mathrm{E}(X)$ および $\mathrm{Var}(X)$ は，それぞれ

$$\mathrm{E}(X) = \lambda, \quad \mathrm{Var}(X) = \lambda$$

である．

なお，ポアソン分布では，試行回数 n が存在しない．これは，ポアソン分布は，2項分布 $\mathrm{Bin}(n,p)$ において，期待値 $\lambda = np$ を固定し，試行回数と確率について，$n \to \infty$，$p \to 0$ のような極限をとったときに得られる確率分布として定義されるためである．

なお，2項分布と同様に，ポアソン分布にも再生性があり，X_1, X_2 が独立に $\mathrm{Po}(\lambda_1)$, $\mathrm{Po}(\lambda_2)$ に従うとき，$X_1 + X_2$ は $\mathrm{Po}(\lambda_1 + \lambda_2)$ に従う．

例 4.8： 宝くじの事例において，この販売店で1等が出る回数 X の確率を考える．このとき，平均 λ は，

$$\lambda = np = 10{,}000{,}000 \times \frac{1}{10{,}000{,}000} = 1$$

であることから，実現値 $x = 0, 1, 2, \ldots$ における確率は，ポアソン分布の確率関数 (4.15) より，図 4.5 のように与えられる．

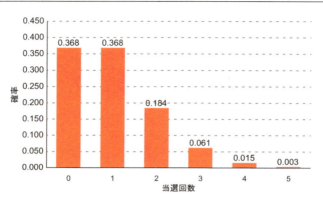

図 4.5 宝くじの事例における 1 等の当選確率

たとえば，2 回以上 1 等当選が出る確率 $\Pr(X \geq 2)$ は

$$\Pr(X \geq 2) = 1 - \Pr(X \leq 1) = 1 - F(1) = 1 - \left\{ \frac{e^{-1} \cdot 1^0}{0!} + \frac{e^{-1} \cdot 1^1}{1!} \right\}$$
$$= 1 - (0.368 + 0.368) = 0.264$$

である．すなわち，1 等当選が 2 回以上出る確率は 26.4 パーセントである．

4.3 代表的な連続型確率分布

4.3.1 正規分布

連続型確率変数のなかで，最も広範に用いられ，次章以降で最も頻繁に用いられるのが**正規分布 (ガウス (Gauss) 分布)** である．正規分布の確率密度関数を表す．

> **❖正規分布の確率密度関数**
>
> 確率変数 X が，平均 μ および分散 σ^2 の正規分布に従うとするとき (このとき $X \sim \mathrm{N}(\mu, \sigma^2)$ と書く)，実現値 x の確率密度関数 $f(x)$ は
>
> $$f(x) = \frac{1}{\sqrt{2\pi}\sigma} \exp\left\{ -\frac{1}{2\sigma^2}(x - \mu)^2 \right\} \quad (-\infty < x < \infty) \quad (4.17)$$
>
> で定義される．ここで，$\exp(\cdot)$ は指数関数であり，π は円周率である．

図 4.6 は，正規分布の確率密度関数を表している．正規分布は，釣鐘型の形状を表しており，左右対称な分布形状であることがわかる．

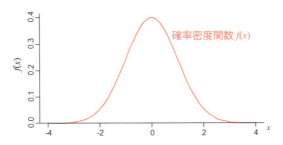

図 4.6 正規分布の分布形状 (確率密度関数)

正規分布において，式 (4.17) から期待値 $\mathrm{E}(X)$ および分散 $\mathrm{Var}(X)$ を求めると，それぞれ，$\mathrm{E}(X) = \mu, \mathrm{Var}(X) = \sigma^2$ となる．

正規分布の性質を以下に示す：

(1) 確率変数 X が，平均 μ および分散 σ^2 の正規分布 $\mathrm{N}(\mu, \sigma^2)$ に従うとし，a および b を任意の定数とするとき，X の 1 次関数 $aX + b$ は，正規分布 $\mathrm{N}(a\mu + b, a^2\sigma^2)$ に従う．
(2) 確率変数 X と Y が独立に正規分布 $\mathrm{N}(\mu_x, \sigma_x^2), \mathrm{N}(\mu_y, \sigma_y^2)$ に従うとき，$X+Y$ は正規分布 $\mathrm{N}(\mu_x + \mu_y, \sigma_x^2 + \sigma_y^2)$ に従う (再生性)．

また，平均 μ，分散 σ^2 の正規分布に従う確率変数 $X \sim \mathrm{N}(\mu, \sigma^2)$ について，
$$z = \frac{x - \mu}{\sigma}$$
と変数変換することを**標準化 (規準化)** という．標準化された確率変数 Z は平均 0，分散 1 の正規分布に従う ($Z \sim N(0,1)$)．正規分布 $N(0,1)$ は，**標準正規分布**を呼ばれる．

Z が標準正規分布に従うとき，実現値 z の確率密度関数 $f(z)$ は，
$$f(z) = \frac{1}{\sqrt{2\pi}} \exp\left(-\frac{1}{2}z^2\right)$$
で与えられ，累積分布関数 $F(z)$ は
$$F(z) = \int_{-\infty}^{z} \frac{1}{\sqrt{2\pi}} \exp\left(-\frac{1}{2}u^2\right) \mathrm{d}u \tag{4.18}$$
と表される．

4.3.2 正規分布表の利用方法

連続型確率分布では，範囲 $[a,b]$ をとる確率を式 (4.7) で表したように積分に

より計算する．ただし，正規分布の確率密度関数 (4.17) の積分は容易でない．近年では，コンピュータを用いることで，簡単に計算できるようになってきている．ただし本書では，手計算を想定して**正規分布表**を用いる．

図 4.7 は，正規分布表の利用方法を表している．正規分布表では，標準正規分布の**上側確率**，すなわち，

$$\Pr(Z \geq z) = \int_z^\infty f(u) \mathrm{d}u$$

を表している．正規分布表では，縦方向 (図 4.7 の赤色) が実現値 z の整数および小数点第 1 位を表しており，横方向 (図 4.7 の緑色) が実現値 z の小数点第 2 位を表している．

正規分布表を利用するうえでの注意点を以下に示す：

(1) もし，実現値 x が正規分布 $\mathrm{N}(\mu, \sigma^2)$ に従う場合には，標準化 $z = (x-\mu)/\sigma$ を行ったうえで，z を用いて正規分布表を利用する．
(2) 累積確率 $F(x)$ は，正規分布表から得られた上側確率 p を用いて，$F(x) = 1-p$ で計算することができる．
(3) 正規分布表では，z が 0 以上の場合のみが表されている．これは，標準正規分布の分布形状 (確率密度関数の形状) が 0 を中心に左右対称のためである．z が負値の場合には，絶対値 $|z|$ をとり，標準正規分布表を用いる．ただし，この場合に得られる確率 p は，下側確率 (累積確率)$p = \Pr(Z \leq z)$ である．

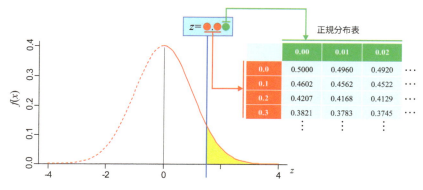

図 4.7　正規分布表の利用方法

例 4.9：ここでは，以下の 3 個の例示を用いて正規分布表の使い方を略説する．

例 1：平均値 10，分散 30 の正規分布に従う確率変数 X の実現値 $x = 16.75$ がある．このとき，x 以上をとる確率

例 2：平均値 5，分散 20 の正規分布に従う確率変数 X の実現値 $x = 9.38$ がある．このとき，x 以下をとる確率

例 3：平均値 8，分散 15 の正規分布に従う確率変数 X の 2 個の実現値 $x = 6.64, 12.04$ がある．このとき，$\Pr(6.64 \leq X \leq 12.04)$ をとる確率

例 1 の解説：まず，実現値 x を標準化する．つまり，
$$z = \frac{16.75 - 10}{\sqrt{30}} = 1.23$$
である．これを正規分布表で探すと下表の赤字のようになる．

z	0.00	0.01	0.02	0.03	0.04
1.0	0.1587	0.1562	0.1539	0.1515	0.1492
1.1	0.1357	0.1335	0.1314	0.1292	0.1271
1.2	0.1151	0.1131	0.1112	0.1093	0.1075

である．すなわち，$\Pr(X \geq 16.75) = 0.1093$ である．

例 2 の解説：まず，実現値 x を標準化する．つまり，
$$z = \frac{9.38 - 5}{\sqrt{20}} = 0.98$$
である．例示は，
$$\Pr(X \leq 9.38) = 1 - \Pr(X \geq 9.38)$$
と同じであり，標準正規分布のもとでは，
$$\Pr(Z \leq 0.98) = 1 - \Pr(Z \geq 0.98)$$
である．$\Pr(Z \geq 0.98)$ は，正規分布表で探すと下表の赤字のようになる．

z	0.05	0.06	0.07	0.08	0.09
0.8	0.1977	0.1949	0.1922	0.1894	0.1867
0.9	0.1711	0.1685	0.1660	0.1635	0.1611
1.0	0.1469	0.1446	0.1423	0.1401	0.1379

である．すなわち，$\Pr(X \leq 9.38) = 0.8365$ である．

例 3 の解説：まず，実現値 x を標準化する．つまり，
$$z_1 = \frac{6.64 - 8}{\sqrt{15}} = -0.35, \quad z_2 = \frac{12.04 - 8}{\sqrt{15}} = 1.04$$
である．ここで，-0.35 は，正規分布表にはない．z が負値の場合には，その絶対値を正規分布表で見ることになる．このとき，正規分布表より得られる確率は，$\Pr(Z \leq z)$ を表す．正規分布表より

z	0.04	0.05	0.06
0.2	0.4052	0.4013	0.3974
0.3	0.3669	0.3632	0.3594
0.4	0.3300	0.3264	0.3228

z	0.03	0.04	0.05
0.9	0.1762	0.1736	0.1711
1.0	0.1515	0.1492	0.1469
1.1	0.1292	0.1271	0.1251

である．正規分布表より得られた確率を用いることで，
$$\begin{aligned}\Pr(6.64 \leq X \leq 12.04) &= \Pr(-0.35 \leq Z \leq 1.04) \\ &= \Pr(Z \leq 1.04) - \Pr(Z \leq -0.35) \\ &= \{1 - \Pr(Z \geq 1.04)\} - \Pr(Z \leq -0.35) \\ &= (1 - 0.1492) - 0.3632 = 0.4876\end{aligned}$$
であり，$\Pr(6.64 \leq X \leq 12.04) = 0.4876$ となる．

4.3.3 中心極限定理

確率変数 $X_1, X_2, \ldots, X_n$ が独立で同一の確率分布に従うとき，その平均の分布は n が大きくなるにつれて正規分布に従うようになる．これを**中心極限定理**という．

> **❖中心極限定理**
>
> 互いに独立な確率変数 $X_1, X_2, \ldots, X_n$ が平均 μ，分散 σ^2 の同一の確率分布に従うとき，その確率変数の平均を
> $$\bar{X} = \frac{X_1 + X_2 + \cdots + X_n}{n}$$
> とする．$n \to \infty$ のとき，平均 $\bar{X}$ は，近似的に正規分布 $\mathrm{N}(\mu, \sigma^2/n)$ に従う．

図 4.8 は，平均値の分布をヒストグラムを用いて表している．n が増加する

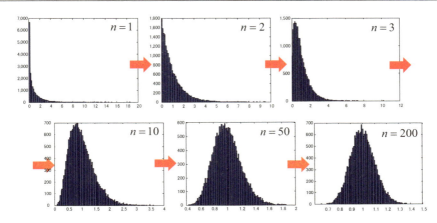

図 4.8 中心極限定理の図示

につれて,正規分布に近づいていることがわかる.

例 4.10:あるがんに対して平均生存時間 (診断日から測定) が 1,577 日で標準偏差が 500 日であることが知られているとする.その病気にかかった患者 16 例が存在するとき,中心極限定理を用いてその 16 例の患者の標本平均生存時間が 1700 日よりも長くなる確率を中心極限定理を用いて近似する.

中心極限定理より,16 例の患者の標本平均生存時間の分布は近似的に正規分布に従い,その平均 μ と標準偏差 σ は,それぞれ

$$\mu = 1577, \quad \frac{\sigma}{\sqrt{n}} = \frac{500}{\sqrt{16}} = 125$$

である.$\bar{X} \geq 1700$ となる確率は

$$\begin{aligned}\Pr(\bar{X} \geq 1700) &= \Pr\left(\frac{\bar{X} - 1577}{125} > \frac{1700 - 1577}{125}\right) \\ &= \Pr(Z > 0.984)\end{aligned}$$

となる.正規分布表より $\Pr(Z > 0.984) = 0.1635$ なので,16 例の患者の標本平均生存時間が 1,700 日より長くなる確率は,16.35 パーセントである.

4.4 章末問題

問題 4.1: いま,次のような離散型確率分布が与えられているとき,下記の問いに答えなさい.

x	1	2	3	4	5
$\Pr(X=x)$	0.1	0.2	0.3	0.3	0.1

(1) 累積分布関数を $F(x)$ とするとき,$F(3)$ を求めなさい.
(2) 期待値 $\mathrm{E}(X)$ および分散 $\mathrm{Var}(X)$ を求めなさい.

問題 4.2: 連続型確率変数 X の密度関数が
$$f(x) = \begin{cases} 2x & ,0 \leq x \leq 1 \\ 0 & ,その他 \end{cases}$$
のとき $\Pr(X \leq 1/4)$,$\Pr(\frac{1}{5} \leq X \leq \frac{2}{3})$ を求めなさい.

問題 4.3: ある定食屋では,とんかつ定食が一番人気で,来客者の 30 パーセントがオーダーする.このとんかつ屋に 10 名の来客者が訪れたとき,3 名以上がとんかつ定食をオーダーする確率を計算しなさい.なお,来客者のトンカツ定食のオーダーは,独立事象とする.

問題 4.4: 下の表は東京都における高度成長期のある年の 1 月から 4 月までの日別交通事故死亡数の分布である (死亡数は 1 日あたりの死亡数であり,観測度数は該当する日数である).日別交通事故死亡数がポアソン分布に従うと仮定したもとで下記の問いに答えなさい.

死亡数	0	1	2	3	4	5	6	7
観測度数	31	44	33	8	3	1	0	1

(1) ある日において,死亡数が 2 名である確率を求めなさい.
(2) ある日において,死亡数が 2 名以上である確率を求めなさい.

> **問題** 4.5：いま，確率変数 X が平均 10，分散 25^2 の正規分布に従うとする．このとき，下記の問いに答えなさい．
>
> (1) $\Pr(3 \leq X \leq 14)$ を計算しなさい．
> (2) $\Pr(X \leq 12)$ を計算しなさい．
> (3) $\Pr(X \geq 17)$ を計算しなさい．

4.5 付録：順列および組み合わせの略説
4.5.1 順列

n 個の個体を考え，これから r 個を抽出して並べる方法の数を考える $(n \geq r)$．最初の個体 1 は，n 個のいずれにもおくことができる (すなわち n 通りの方法がある)．次の個体 2 は，個体 1 が n 個のいずれかにおかれているので，$n-1$ 個のなかから選ぶことができる (すなわち $n-1$ 通りの方法がある)．したがって，個体 1 と個体 2 で選ぶことができる方法は $n \cdot (n-1)$ 通り存在する．

以下を r 回続けると，r 個の個体から n 個を抽出して並べる方法は

$$n \cdot (n-1) \cdot (n-2) \cdot (n-3) \cdots \{n-(r-1)\}$$

通り存在する．

これを**階乗** $n! = n \cdot (n-1) \cdot (n-2) \cdots 1$ を用いて書き換える．いま，
$A = n \cdot (n-1) \cdot (n-2) \cdot (n-3) \cdots \{n-(r-1)\}$ 　　　(先ほどの順列の数)
とし，

$$B = (n-r) \cdot \{n-(r+1)\} \cdot \{n-(r+2)\} \cdots 2 \cdot 1 = (n-r)!$$

とすると，$n!$ は

$$n! = A \cdot B = A \cdot (n-r)!$$

となる．したがって，$(n-r)!$ で両辺を割ることにより

$$A = \frac{n!}{(n-r)!}$$

となる．通常は A を $_n\mathrm{P}_r$ で表す．順列の公式を以下に示す．

> ❖**順列の公式**
>
> n 個の対象から r 個を抜き取って並べる順列の数は,
> $$_n\mathrm{P}_r = \frac{n!}{(n-r)!}$$
> で与えられる.

4.5.2 並べ替え

n 個の個体から r 個を抜き取る組み合わせの数が k 通りあるとする.このとき,個々の内部での順列の数が $r!$ 通りある.$k \cdot r!$ は,順列 $_n\mathrm{P}_r$ に等しいことから,

$$k \cdot r! = {}_n\mathrm{P}_r = \frac{n!}{(n-r)!}$$
$$k = \frac{n!}{r!(n-r)!}$$

となる.通常は k を $_n\mathrm{C}_r$ あるいは $\begin{pmatrix} n \\ r \end{pmatrix}$ で表す.並べ替えの公式を以下に示す.

> ❖**並べ替えの公式**
>
> n 個の対象物から r 個を取り出す組み合わせの数は,
> $$_n\mathrm{C}_r = \begin{pmatrix} n \\ r \end{pmatrix} = \frac{n!}{r!(n-r)!}$$
> で与えられる.

5 統計的推測の導入・統計的推定

◉**本章の目標**◉

1. 母集団と標本について理解する．
2. 点推定および区間推定の考え方について理解する．
3. 母比率，母平均，母分散に対する信頼区間を計算できる．

　第1章では，量的変数の場合には，平均値，中央値および最頻値を用いて位置を要約し，データの散らばりを分散(標準偏差)，四分位範囲，範囲で要約した．また，質的変数の場合には，度数あるいは相対度数を用いて要約した．これらのデータを要約する統計量のことを**記述(要約)統計量**という．また，第2章では，統計グラフを用いてデータの特徴を把握する方法について説明した．記述統計量あるいは統計グラフを用いてデータの特徴や傾向を把握する統計学のことを，**記述統計学**という．一方で，同じ環境のもとで，同じ実験や調査を実施しても，同じ結果(データ)が得られるとは限らない．たとえば，薬剤を同じ疾患をもつ100名の患者に投与する研究を繰り返し実施したとき，いつも有効だった患者の割合が同じではない．本章以降で述べる**推測統計学**では，研究対象となる全体の特徴を一部のデータから推測する．推測統計学には，**推定**と**検定**の2つの手法があるが，本章では，推測統計学の導入から，推定の方法までについて説明する．

5.1 母集団と標本

　新聞各社では，毎月，世論調査の一環として，内閣支持率が調査される．本邦における正確な内閣支持率を調べるには，すべての有権者から内閣の支持・不支持を調査しなければならない．このようにすべての対象から調査する方法を**全数調査**といい，国勢調査などがこれに該当する．ただし，各新聞社が毎月の世論調査を全数調査で実施することは，金銭的および時間的に非常に困難である．そのため，実際の世論調査は，全国の有権者の一部(たとえば，2,000人)に調査を実施し，そこから得られた結果を全有権者での調査結果の類推として

いる.

このとき, 推測統計学では, 研究対象としての個体の全体集合を**母集団**といい, **無作為抽出** (ランダムサンプリング) された母集団の一部を**標本** (サンプル) という. 無作為抽出とは, 母集団を構成する要素 (内閣支持率の例では個々の有権者) を独立で等確率に抽出することを意味する. 内閣支持率の例では, 母集団が全有権者であり, 標本は無作為抽出された一部の有権者である. そして, 実際の調査で得られた結果を観測値 (データ) という. 一般には, 母集団を構成する個体の数は非常に多く (無限母集団), すべてを調査 (全数調査) できることは稀である. したがって, 推測統計学では, 母集団の一部の標本を調査 (標本調査) して, 得られた観測値から母集団を「推し測る」のである.

母集団と標本の例を以下に示す:

- 東証一部上場企業における就業者 (母集団) のなかから, 無作為に抽出した 18 歳以上の従業員 500 人 (標本) の平均給与
- 全胃がん患者 (母集団) のなかから, 抗がん剤 A を投与した 50 名の被験者 (標本) におけるがん細胞の縮小率の調査
- 高校 3 年生の男子 (母集団) のなかから, ランダムに選ばれた 10 校 (10 校の高校 3 年生の生徒が標本) における平均身長の調査

5.2 研究デザインと無作為化の方法

5.2.1 研究の種類とデザイン

統計学が取り扱う研究の形式には, **実験研究** (**介入研究**) と**観察研究**がある. 実験研究の主たる目標は, 仮説を検証することにある. たとえば,「ある疾患に対する有効性が既存薬に比べて新薬のほうが高い」ことを検証する (このような医学研究を臨床試験という) ことを考える. 臨床試験では, 当該疾患患者を無作為に 2 群に分け, 一方に新薬, もう一方に既存薬を投与する. すなわち, 薬剤の投与に対して**介入**が行われており, この介入を伴う研究が実験研究である.

他方, 観察研究の主たる目標は, 仮説を探ることにある. たとえば,「喫煙と歯周病に関係があるか否か」を調査する場合, 被験者を 2 群に分け, 一方の群に喫煙習慣を強制 (介入) することは不可能である. そのため, 被験者を喫煙習慣のある喫煙群と喫煙習慣のない非喫煙群の 2 群に分け, 喫煙習慣の有無と歯周病の有無の関係を評価する. したがって, 無作為化が行われない. すなわち,

観察研究の場合には，対象への介入を実施しない．

5.2.2 フィッシャーの3原則

臨床試験，物理実験あるいは化学実験といった実験研究では，得られた結果の偏りを最小にするための留意点として，**フィッシャー** (Fisher) **の3原則**がある．フィッシャーの3原則は，(a) **無作為化**，(b) **繰り返し**，(c) **局所管理**から構成される．

(a) 無作為化

実験研究では，対象となる群を無作為に割り付けることが重要である．たとえば，臨床試験において，新薬と既存薬の有効性を比較するとき，無作為化が行われなければ，医師は重度の患者に新薬を投与し，軽度の患者に既存薬を投与するかもしれない．つまり，群間で患者層に偏り (バイアス) を生じるおそれがある．被験者 (対象) の選択によって生じるバイアスを選択バイアスという．無作為化は選択バイアスを防ぐための重要な手段である．

(b) 繰り返し

実験研究では，同じ条件のもとで実施しても，同じ結果が得られるとは限らず，解析結果のばらつきが生じる．そのため，同じ条件下で複数回の実験を実施することで，真 (母集団) のパラメータがとり得る範囲を推定するだけでなく，そのばらつきの大きさを評価する．これを繰り返しという．

(c) 局所管理

実験研究では，群間での条件は均一に保たなければいけない．たとえば，臨床試験において新薬群に疾病が軽度の被験者が多く，既存薬群に重度の被験者が多ければ，新薬の有効性だったのか，疾病の進行度の影響なのか判断できない．そのため，疾患の進行程度，年齢などに基づいていくつかのブロックに分けてブロック内で新薬・既存薬のいずれかの群に割りふることで群間の患者層を均一にし，バイアス (偏り) をのぞくことができる．

5.2.3 無作為化の方法

推測統計学において，無作為化は重要な要件である．無作為化の重要性を示す有名な実際例として，1936年のアメリカ大統領選挙を用いる．この年の大統

領選挙は，民主党のF. ルーズベルトと共和党のA. ランドンによって争われ，F. ルーズベルトが選挙戦を制し，第32代大統領に就任した．

この選挙について，総合週刊誌「リテラリー・ダイジェスト」が200万人以上を対象に世論調査を実施し，ランドン候補が勝利すると予想した．他方，世論調査会社「ギャラップ」は，3,000人程度を対象に世論調査を実施し，ルーズベルト候補が勝利すると予想した．母集団(アメリカ合衆国の有権者)に対して，「リテラリー・ダイジェスト」のほうが，「ギャラップ」に比べて大規模な調査を実施したにもかかわらず，選挙予想が外れてしまった．これは「リテラリー・ダイジェスト」が，自誌の購読者の中心である富裕層を対象に調査したことによる選択バイアスに起因する．他方，「ギャラップ」は，偏りに留意した標本抽出を実施することでルーズベルト候補の勝利を的中させた．

すなわち，適切な統計手法を利用しても，適切な標本抽出でなければ，誤った結果を導くおそれがある．ここでは，5種類の標本抽出の方法について略説する．

(a) 単純無作為抽出法

いま，母集団における個体数Nに対して，標本サイズnの標本を抽出することを考える．単純無作為抽出法では，各個体が標本として選択される確率が等しくn/Nであるように抽出する方法である．たとえば，ある高校の2年生における100m走の記録を調査する場合を考える．2年生の男子生徒がN人であるとき，n人の調査対象を単純無作為抽出法で標本抽出するには，n枚の丸印が入ったN枚のカードを用意し，そのなかから生徒が無作為に1枚ずつ引き，丸印が入ったカードを引いた生徒の記録を用いればよい．単純無作為抽出法は，簡単に標本抽出が可能な反面，標本が必ずしも母集団を反映しない場合もある．たとえば，100m走の例では，標本抽出された生徒(個体)の多くが運動部に所属する場合，母集団における100m走の平均記録よりも速くなる可能性がある．

(b) 系統抽出法

単純無作為抽出法に類似した方法である．先ほどの100m走の記録を調査する例を用いる．2年生の男子生徒がN人であるとき，n人の調査対象を系統抽出法で標本抽出するには，まず，すべての生徒に1からN番号を無作為につける．次に，1番目の生徒(個体)を無作為に抽出し(たとえば，番号「5」の生徒)，2

番目以降は，番号について同じ間隔で抽出する (たとえば，番号「10,15,20,...」の生徒)．系統抽出法は，最初の個体番号がわかれば，以降の標本抽出は機械的に行えるため，簡単に実施できる．ただし，単純無作為抽出法と同様に，抽出された個体に偏りを生じるおそれがある．

(c) 層化無作為抽出法

母集団を何らかの基準に基づいていくつかの層に分けて，各層の構成要素に対して単純無作為抽出法や系統抽出法を用いる方法である．先ほどの 100m 走の例において，層化無作為抽出法により標本抽出する場合を考える．2 年生の 30 パーセントが運動部に所属するとき，$0.3 \cdot n$ 人を運動部から単純無作為抽出法で標本抽出し，$(1-0.3) \cdot n$ 人を運動部以外から単純無作為抽出する．

(d) 多段階抽出法

大規模な標本調査では，調査対象を直接抽出することが難しい場合がある．このような場合に用いられる方法の 1 つが，多段階抽出法である．多段階抽出法では，まず，母集団を何らかの基準でいくつかのブロックに分け，それらのブロックからいくつかのブロックを無作為に抽出する．そして，抽出されたブロックをさらに小さなブロックに分け，同様の無作為抽出を実施する．この過程を十分にブロックが小さくなるまで繰り返し，n 人の個体を無作為に抽出する．たとえば，高校生の大学進学率を全国で調査することを考える．この調査を多段階抽出法で実施する場合，まず，いくつかの県を無作為に抽出し，抽出された県からいくつかの高校を抽出し，抽出された高校において，n 人の生徒の進学の有無を調査する．多段階抽出法には，段階の数が多くなるほど，精度が悪くなるデメリットがある．

(e) クラスター抽出法

クラスター抽出法とは，母集団をいくつかのクラスターに分割し (たとえば，全国調査のクラスターとして市町村を用いるなど)，分割したクラスターのなかから無作為に抽出する．抽出されたクラスターを構成する個体に対しては，すべてを対象に調査する．この方法は，エリアマーケティングなどに利用される．

5.3 統計的推定の方法

統計的推測において，標本を集めるのは，母集団がどうなっているかを考え

るためである．推測統計学では，n 個の標本 $X_1, X_2, \ldots, X_n$ が任意の確率分布に従うことを想定している．このとき，母集団の分布を**母集団分布**という．たとえば，離散型確率変数の場合には，母集団分布として 2 項分布などが仮定され，連続型確率変数の場合には，正規分布などが仮定される．ちなみに，正規分布が仮定された母集団を**正規母集団**と呼ぶことがある．

正規分布を仮定した場合には，平均 μ と分散 σ^2(あるいは標準偏差 σ)，2 項分布を仮定した場合には，確率 p が決まらなければ，分布が同定できない (つまり，どのような正規分布なのか，あるいはどのような 2 項分布なのかが決まらない)．確率分布を決定するもの (正規分布なら μ, σ^2，2 項分布なら p) を**パラメータ** (あるいは**母数**) という．

ちなみに，正規分布における母集団のパラメータである平均 μ と分散 σ^2 を，それぞれ**母平均**，および**母分散**という．また，2 項分布における母集団のパラメータである各試行での生起確率 (比率)p を**母比率**という．

第 4 章では，母集団分布のパラメータが既知であると考えていたが，実際の統計科学の応用場面では，パラメータは一般に未知 (不明) である．そのため，統計的推測では，パラメータを計算 (これを**推定**という) したり，あるいは複数の母集団のパラメータを比較 (これを**検定**という) する．本章では，前者の推定について議論し，次章以降において検定について議論する．

5.3.1 統計的推定の考え方

いま，標本サイズ n の標本 $X_1, X_2, \ldots, X_n$ を正規母集団 $\mathrm{N}(\mu, \sigma^2)$ から無作為に抽出する．標本から得られる平均 (標本平均) は，

$$\bar{X} = \frac{1}{n} \sum_{i=1}^{n} X_i \tag{5.1}$$

で得られる．これは，正規母集団の平均 μ を標本 (確率変数)$X_i (i = 1, 2, \ldots, n)$ から計算するための関数である．標本平均のように，標本 X_i から得られる量を**統計量**といい，とくに，母集団分布のパラメータを計算するための統計量を**推定量**という．実際には，実験や調査などで得られた実現値 $x_i (i = 1, 2, \ldots, n)$ を用いて計算される．このときの実現値 x_i のことを**観測値** (**データ**) と呼ぶ．

ある大学の男子学生 7 名の身長 (cm) が

166.4　175.1　169.1　180.4　178.4　173.1　174.5

であるとき，式 (5.1) を観測値に置き換えることで，標本平均は

$$\bar{x} = \frac{1}{n}\sum_{i=1}^{n} x_i = \frac{166.4 + 175.1 + 169.1 + 180.4 + 178.4 + 173.1 + 174.5}{7}$$
$$= 173.86$$

のように与えられる．このように，観測値 $x_1, x_2, \ldots, x_n$ を用いて計算された値のことを**推定値**という．式 (5.1) によって計算されるものは母集団のパラメータを 1 つの推定量で表している．これを**点推定量**といい，観測値を用いて計算された値を**点推定値**という．

以降では，標本 $X_1, X_2, \ldots, X_n$ ではなく，観測値 $x_1, x_2, \ldots, x_n$ を用いて記述する．

(a) 正規分布における点推定

正規分布 $\mathrm{N}(\mu, \sigma^2)$ の母平均 μ および母分散 σ^2 の点推定値を標本平均 $\bar{x}$ および不偏分散 s^2 という．いま，観測値 $x_1, x_2, \ldots, x_n$ が与えられたとき，標本平均 $\bar{x}$ は，

$$\bar{x} = \frac{1}{n}\sum_{i=1}^{n} x_i$$

であり，不偏分散 s^2 は

$$s^2 = \frac{1}{n-1}\sum_{i=1}^{n} (x_i - \bar{x})^2$$

である．第 1 章では，分散は $S^2 = \frac{1}{n}\sum_{i=1}^{n}(x_i - \bar{x})^2$ だったのに対して，不偏分散では分母が $n-1$ である．これは，記述統計の分散 S^2 の定義では，**不偏性**という推定量の特性をもたないことに起因する．不偏性とは，母集団から何度も標本を抽出して統計量を計算し，その平均をとると，母集団の値と同じになる特性をいう．つまり，何度も標本を抽出して不偏分散を計算すると，それらの平均が母分散に一致する．また，不偏標準偏差は，$s = \sqrt{s^2}$ で与えられる．ちなみに，標本平均 $\bar{x}$ は，母平均 μ の不偏推定量である．

先ほどの身長の例における不偏分散 s^2 は

$$s^2 = \frac{1}{n-1} \sum_{i=1}^{n} (x_i - \bar{x})^2$$
$$= \frac{(166.4 - 173.86)^2 + (175.1173.86)^2 + \cdots + (174.5 - 173.86)^2}{7 - 1}$$
$$= 24.036$$

であり，不偏標準偏差 s は，$s = \sqrt{24.036} = 4.903$ である．

(b)　2 項分布における点推定

2 項分布 (p, n) の母比率 p の点推定値を $\hat{p}$ で表す．このとき，$\hat{p}$ は**標本比率**と呼ばれる．いま，標本サイズ n のなかで，関心のある事象が起きた回数を x とすると，標本比率は

$$\hat{p} = \frac{x}{n}$$

で与えられる．

20 歳以上の成人男性 250 人に対するアンケート調査で，あるサッカー選手の知名度を調査したところ，86 人の被験者が知っていると回答した．このとき，母集団は 20 歳以上の成人男性であり，当該のサッカー選手の知名度 (知っている・知らない) が 2 項分布に従うとすると，母比率 p の点推定値 (標準比率) $\hat{p}$ は，

$$\hat{p} = \frac{86}{250} = 0.344$$

である．

5.3.2　区間推定の概要

点推定では，母集団のパラメータを 1 つの推定値を用いて表す．しかしながら，無作為抽出された観測値によって推定値は異なる．図 5.1 は，コイン投げを $n = 50$ 回繰り返したときに，表が出た回数 r から推定された 200 個の点推定値 (標本比率) $\hat{p}$ を表している．すべての標準比率 $\hat{p}$ が同じ値ではなく，母比率 p を中心に様々な値が得られている．

無作為標本 (確率変数) から計算される統計量もまた，確率変数となる．このとき統計量が従う確率分布を**標本分布**という．この標本分布を利用して，区間によって推定することを**区間推定**といい，真のパラメータを $100 \cdot (1 - \alpha)$ パーセント $(0 \leq \alpha \leq 1)$ の確率で含む区間推定値を $100 \cdot (1 - \alpha)$**%信頼区間**という．このとき，$(1 - \alpha)$ は**信頼係数**と呼ばれる．

図 5.2 は，母平均 $\mu = 1$，母分散 $\sigma^2 = 100$ の正規母集団 N$(1, 100)$ から無作

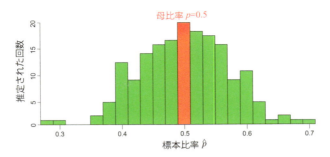

図 5.1 50 回のコイン投げの結果から推定された表が出る確率 p に対する 200 個の点推定値のヒストグラム

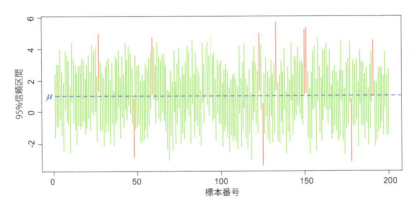

図 5.2 正規母集団 $N(1, 100)$ から無作為に抽出された標本サイズ $n = 100$ の観測値から推定された 200 個の 95%信頼区間 (緑色：真のパラメータ μ を含む信頼区間, 赤色：真のパラメータ μ を含まない信頼区間)

為に抽出された標本サイズ $n = 100$ の観測値から推定された 200 個の 95%信頼区間である. ここで, 95 パーセント (190/200) の緑色の 95%信頼区間は, 区間内に母平均 $\mu = 1$ を含んでおり, 他方, 5 パーセント (10/200) の赤色の 95%信頼区間は, 区間内に母平均 $\mu = 1$ を含んでいない.

すなわち, 信頼区間とは, 区間のなかに真 (母集団) のパラメータを $100 \cdot (1 - \alpha)$ パーセントの確率で含むのではなく, $100 \cdot (1 - \alpha)$ パーセントの確率で真のパラメータを含む区間として構成される. このとき, 区間の下限値を**下側信頼限界**といい, 上限値を**上側信頼限界**という.

図 5.3 は, 信頼係数 $(1 - \alpha)$ に対する母平均 μ の $100 \cdot (1 - \alpha)$%信頼区間の

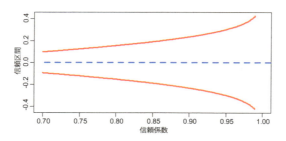

図 5.3 信頼係数 $(1-\alpha)$ に対する母平均 μ の $100\cdot(1-\alpha)$%信頼区間の区間幅の推移

区間幅の推移を表している．信頼係数 $(1-\alpha)$ が大きくなるほど区間幅が広くなることがわかる．

5.3.3 母比率の推定

図 5.4 は，2 項分布 $\mathrm{Bin}(n, 0.5)$ における成功回数 x のヒストグラムである．試行回数 n が大きくなるにつれて正規分布の確率密度関数に類似した釣鐘型の分布形状に近づいていることがわかる．2 項分布において，試行回数 n が十分に大きいとき，2 項分布 $\mathrm{Bin}(n,p)$ は，正規分布 $\mathrm{N}(np, np(1-p))$ で近似できる．これを 2 項分布の正規近似という．

このとき，母比率 p が $100\cdot(1-\alpha)$ パーセントの確率で含まれる区間は，2 項分布の正規近似を用いることで，

$$\mathrm{Pr}\left(\hat{p}-z(\alpha/2)\sqrt{\frac{\hat{p}(1-\hat{p})}{n}} < p < \hat{p}+z(\alpha/2)\sqrt{\frac{\hat{p}(1-\hat{p})}{n}}\right) = 1-\alpha$$

で定義される．ここで，$z(\alpha/2)$ は，標準正規分布の上側 $100\cdot(\alpha/2)$ パーセン

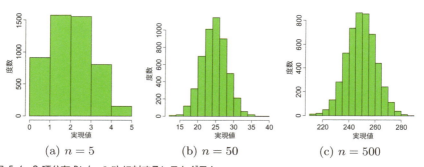

図 5.4 2 項分布 $\mathrm{Bin}(n, 0.5)$ に対するヒストグラム

ト点である．したがって，母比率に対する $100 \cdot (1-\alpha)$%信頼区間は，次のように構成される．

> **❖母比率に対する** $100 \cdot (1-\alpha)$**%信頼区間**
>
> いま，標本サイズ (試行回数) を n，および関心のある事象が起きた回数 (成功回数) を x とし，x が 2 項分布 $\mathrm{Bin}(n,p)$ に従うとき，母比率 p の点推定値 (標本比率)$\hat{p}$ は，$\hat{p} = x/n$ であり，母比率に対する $100 \cdot (1-\alpha)$%信頼区間は，
>
> $$\left[\hat{p} - z(\alpha/2)\sqrt{\frac{\hat{p}(1-\hat{p})}{n}},\quad \hat{p} + z(\alpha/2)\sqrt{\frac{\hat{p}(1-\hat{p})}{n}}\right] \tag{5.2}$$
>
> である．

正規分布表は上側確率を表すことから，標準正規分布の上側 $100 \cdot (\alpha/2)$ パーセント点を見出すのが困難である．区間推定では，95%信頼区間が多く用いられるため，$z(0.05/2) = 1.96$ を覚えておくとよい．

例 5.1： ここでは，先ほどのサッカー選手の知名度の例を用いる．この例では，被験者数 $n = 250$ 人に対して，当該のサッカー選手を知っている人数 $x = 86$ だった．したがって，標本比率 (母比率の点推定値)$\hat{p}$ は，$\hat{p} = 86/250 = 0.344$ である．標準正規分布の上側 2.5 パーセント点は $z(0.025) = 1.96$ なので，95%信頼区間の上側信頼限界および，下側信頼限界は，式 (5.2) を用いることで，

下側信頼限界：$\hat{p} - 1.96\sqrt{\dfrac{\hat{p}(1-\hat{p})}{n}} = 0.344 - 1.96\sqrt{\dfrac{0.344 \times (1-0.344)}{250}} = 0.285$

上側信頼限界：$\hat{p} + 1.96\sqrt{\dfrac{\hat{p}(1-\hat{p})}{n}} = 0.344 + 1.96\sqrt{\dfrac{0.344 \times (1-0.344)}{250}} = 0.403$

のように計算される．よって，選手の知名度の 95%信頼区間は $[0.285, 0.403]$ である．

5.3.4 母平均の推定

正規分布には，母平均 μ および母分散 σ^2 の 2 個のパラメータが存在する．そのため，平均 μ の $100(1-\alpha)$%信頼区間には，母分散 σ^2 がわかっている場合 (分散既知) とわかっていない場合 (分散未知) の 2 種類が存在する．

母分散 σ^2 が既知の場合，標本平均 $\bar{X}$ の標本分布は，正規分布 $\mathrm{N}(\mu, \sigma^2/n)$ で

ある．このとき，母平均 μ が $100 \cdot (1-\alpha)$ パーセントの確率で含まれる区間は，

$$\Pr\left(\bar{X} - z(\alpha/2)\frac{\sigma}{\sqrt{n}} < \mu < \bar{X} + z(\alpha/2)\frac{\sigma}{\sqrt{n}}\right) = 1 - \alpha$$

で定義される．ここで，$z(\alpha/2)$ は，標準正規分布の上側 $100 \cdot (\alpha/2)$ パーセント点である．このことから，母分散 σ^2 が既知であるときの母平均 μ の $100 \cdot (1-\alpha)\%$ 信頼区間は，次のように構成される．

> ❖ **母平均に対する** $100 \cdot (1 - \alpha)$**%信頼区間 (母分散既知の場合)**
>
> 正規母集団 $\mathrm{N}(\mu, \sigma^2)$ に従う母集団から標本サイズ n 個を無作為に抽出したときの標本平均 (μ の点推定値) を $\bar{x}$ とするとき，母分散 σ^2 が既知であるときの母平均 μ の $100(1-\alpha)\%$ 信頼区間は
>
> $$\left[\bar{x} - z(\alpha/2)\sqrt{\frac{\sigma^2}{n}}, \quad \bar{x} + z(\alpha/2)\sqrt{\frac{\sigma^2}{n}}\right] \tag{5.3}$$
>
> である．

例 5.2： いま，コンビニエンスストアで売られるおにぎりの製造機械がある．この機械が生産するおにぎりの重さに対する母標準偏差 $\sigma = 10$ グラムであることがわかっている．いま，この製造機械の性能を評価するために，25 個のおにぎりを生産して重さを量ったところ，その標本平均は 80 グラムだった．この製造機械が作るおにぎりの重さの母平均に対する 95%信頼区間を求める．

標準正規分布の上側 2.5 パーセント点は $z(0.025) = 1.96$ なので，95%信頼区間の上側信頼限界および，下側信頼限界は，式 (5.3) より，

$$\text{下側信頼限界}：\bar{x} - 1.96\sqrt{\frac{\sigma^2}{n}} = 80 - 1.96\sqrt{\frac{10^2}{25}} = 76.08$$

$$\text{上側信頼限界}：\bar{x} + 1.96\sqrt{\frac{\sigma^2}{n}} = 80 + 1.96\sqrt{\frac{10^2}{25}} = 83.92$$

である．よって，おにぎりの重さの母平均に対する 95%信頼区間は $[76.08, 83.92]$ である．

一般には，母分散 σ^2 が既知である場合はほとんどなく，母分散が未知である場合の母平均に対する $100 \cdot (1-\alpha)\%$ 信頼区間が用いられる．

母分散 σ^2 が未知の場合，母平均に対する $100 \cdot (1-\alpha)\%$ 信頼区間 (5.4) は，式 (5.3) の母分散 σ^2 を不偏分散 s^2，標準正規分布の上側 $100 \cdot (\alpha/2)$ パーセン

ト点を自由度 $n-1$ の t 分布における上側 $100 \cdot (\alpha/2)$ パーセント点におき換えることで次のように構成される．

> ❖**母平均に対する** $100 \cdot (1-\alpha)$%**信頼区間 (母分散未知の場合)**
>
> 正規母集団 $N(\mu, \sigma^2)$ に従う母集団から標本サイズ n 個を無作為に抽出したときの，標本平均 (μ の点推定値) を $\bar{x}$，不偏分散 (σ^2 の点推定値) を s^2 とするとき，母平均 μ の $100 \cdot (1-\alpha)$% 信頼区間は
> $$\left[\bar{x} - t_{n-1}(\alpha/2)\sqrt{\frac{s^2}{n}}, \quad \bar{x} + t_{n-1}(\alpha/2)\sqrt{\frac{s^2}{n}}\right] \quad (5.4)$$
> ここに，$t_{n-1}(\alpha/2)$ は，自由度 $n-1$ の t 分布における上側 $100 \cdot (\alpha/2)$ パーセント点である．

t 分布の分布形状と標準正規分布との比較を図 5.5 に示す．左上の図の青色の実線は，t 分布の確率密度関数 $f(x)$

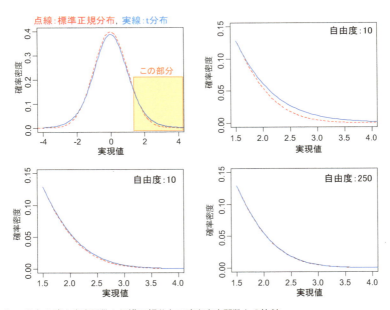

図 5.5 t 分布の確率密度関数と標準正規分布の確率密度関数との比較

ν	α						
	0.250	0.100	0.050	0.025	0.010	0.005	0.0005
1	1.000	3.078	6.314	12.706	31.821	63.657	636.619
2	0.816	1.886	2.920	4.303	6.965	9.925	31.599
3	0.765	1.638	2.353	3.182	4.541	5.841	12.924
4	0.741	1.533	2.132	2.776	3.747	4.604	8.610

図 5.6 t分布表の意味

$$f(x) = \frac{1}{\sqrt{n}B\left(\frac{n}{2}, \frac{1}{2}\right)}\left(\frac{x^2}{n}+1\right)^{-\frac{n+1}{2}} \tag{5.5}$$

を表している．ここに，$B(a,b)$ はベータ関数

$$B(a,b) = \int_0^1 u^{a-1}(1-u)^{b-1} \mathrm{d}u$$

である．t分布は，標準正規分布と同様に，期待値 0 を中心に対称の分布形状である．左上の図の黄色の四角部分を自由度 ν を変化させながら表したものが残りの図である．自由度 ν(すなわち標本サイズ n) が増加するほど t分布の確率密度関数と標準正規分布の確率密度関数は近づき，ほぼ同じになることがわかる．

確率密度関数の式 (5.5) からもわかるように，自由度 $n-1$ の t分布における上側 $100 \cdot (\alpha/2)$ パーセント点 $t_{n-1}(\alpha/2)$ を計算するのは非常に困難なので，手計算では，t分布表が一般的に用いられる．t分布表の一部を図 5.6 に示す．t分布表は，正規分布表と異なり，「自由度 ν の t分布における上側 α パーセント点 (自由度 ν の t分布において，上側確率 (1 − 累積分布関数) が α になるしきい値)」$t_\nu(\alpha)$ を表している．なお，信頼区間では自由度 ν の t分布における上側 $100 \cdot (\alpha/2)$ パーセント点を用いるため，信頼係数 $(1-\alpha) = 0.95$ の場合には，$t_\nu(0.025)$ の列を見なければならない．

例 5.3： ある疾患患者 11 名の臨床検査値のデータが次のようにとられている．

| 5.33 | 5.46 | 5.04 | 5.13 | 5.19 | 5.29 | 5.02 | 5.15 | 5.67 | 5.20 | 5.56 |

このデータの母平均に対する 95%信頼区間を求める．

上記のデータより，標本平均 $\bar{x}$ および不偏分散 s^2 は，$\bar{x} = 5.276$ および $s^2 = 0.044$ である．

次いで，分散未知における母平均の 95%信頼区間を計算する．自由度 ν は

$\nu = 11 - 1 = 10$ であり,信頼係数 $(1 - \alpha/2)$ より上側確率は,$\alpha/2 = 0.05/2 = 0.025$ である.したがって,$t_{10}(0.025)$(自由度 10 の t 分布における上側 2.5 パーセント点)を t 分布表を用いて探すと,

v	α						
	0.995	0.975	0.050	0.025	0.001	0.005	0.0005
9	0.703	1.383	1.833	2.262	2.821	3.250	4.781
10	0.700	1.372	1.812	2.228	2.764	3.169	4.587
11	0.697	1.363	1.796	2.201	2.718	3.106	4.437

より,$t_{10}(0.025) = 2.228$ である.上側信頼限界および,下側信頼限界は,式 (5.4) より,

$$\text{下側信頼限界}: \bar{x} - t_{n-1}(\alpha/2)\sqrt{\frac{s^2}{n}} = 5.276 - 2.228\sqrt{\frac{0.044}{11}} = 5.135$$

$$\text{上側信頼限界}: \bar{x} + t_{n-1}(\alpha/2)\sqrt{\frac{s^2}{n}} = 5.276 + 2.228\sqrt{\frac{0.044}{11}} = 5.417$$

である.よって,臨床検査値の母平均に対する 95%信頼区間は $[5.135, 5.417]$ である.

5.3.5 母分散の推定

観測値 $x_i (i = 1, 2, \ldots, n)$ が正規分布 $N(\mu, \sigma^2)$ に従うとき,次の統計量

$$\chi^2 = \sum_{i=1}^{n} \frac{(x_i - \bar{x})^2}{\sigma^2} = \frac{(n-1)s^2}{\sigma^2}$$

は,自由度 $n - 1$ のカイ 2 乗分布に従う(統計量 χ^2 の標本分布は自由度 $n - 1$ のカイ 2 乗分布である).

図 5.7 は,カイ 2 乗分布の確率密度関数 $f(x)$

$$f(x) = \frac{1}{2^{n/2}\Gamma\left(\frac{n}{2}\right)} x^{\frac{n}{2}-1} e^{-\frac{x}{2}} \tag{5.6}$$

を表している.ここに,$\Gamma(a)$ はガンマ関数

$$\Gamma(a) = \int_0^\infty u^{a-1} e^{-u} du$$

である.カイ 2 乗分布は,正規分布あるいは t 分布と異なり,分布形状が非対称である.そして,自由度 ν が大きくなるほど対称分布に近づく.このとき,統計量 χ^2 はカイ 2 乗統計量と呼ばれる.母分散に対する $100 \cdot (1 - \alpha)$%信頼区間は,カイ 2 乗統計量を応用することで次のように構成される.

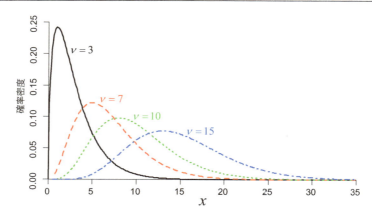

図 5.7 カイ 2 乗分布表の確率密度関数

> ❖ **母分散に対する** $100 \cdot (1-\alpha)$%**信頼区間**
>
> 正規母集団 $N(\mu, \sigma^2)$ に従う母集団から標本サイズ n 個を無作為に抽出したときの，不偏分散 (σ^2 の点推定値) を s^2 とするとき，母分散 σ^2 の $100(1-\alpha)$% 信頼区間は
>
> $$\left[\frac{(n-1)s^2}{\chi^2_{n-1}(\alpha/2)}, \frac{(n-1)s^2}{\chi^2_{n-1}(1-\alpha/2)} \right] \tag{5.7}$$
>
> である．ここに，$\chi^2_{n-1}(\alpha/2)$ は，自由度 $n-1$ のカイ 2 乗分布における上側 $100 \cdot (\alpha/2)$ パーセント点，$\chi^2_{n-1}(1-\alpha/2)$ は，自由度 $n-1$ のカイ 2 乗分布における上側 $100 \cdot (1-\alpha/2)$ パーセント点である．

母分散に対する $100 \cdot (1-\alpha)$%信頼区間を計算するには，カイ 2 乗分布の上側パーセント点を計算しなければならない．カイ 2 乗分布の確率密度関数の式 (5.6) からもわかるように，カイ 2 乗分布の上側パーセント点の計算は，t 分布と同様に非常に困難である．そのため，手計算では，カイ 2 乗分布表を用いることが一般的である．ただし，カイ 2 乗分布は非対称分布なので，信頼区間の上側信頼限界で用いられる上側 $100 \cdot (1-\alpha/2)$ パーセント点 $\chi^2_{n-1}(1-\alpha/2)$，および下側信頼限界で用いられる上側 $100 \cdot (\alpha/2)$ パーセント点のそれぞれをカイ 2 乗分布表から探さなければならない．

カイ 2 乗分布表の一部を図 5.8 に示す．95%信頼区間に用いるカイ 2 乗分布

ν	α							
	0.990	0.975	0.95	0.90	0.10	0.05	0.025	0.001
1	0.00	0.00	0.00	0.02	2.71	3.84	5.02	10.83
2	0.02	0.05	0.10	0.21	4.61	5.99	7.38	13.82
3	0.11	0.22	0.35	0.58	6.25	7.81	9.35	16.27
4	0.30	0.48	0.71	1.06	7.78	9.49	11.14	18.47

図 5.8 カイ 2 乗分布表の意味

の上側パーセント点は，図 5.8 の「95%信頼区間 (1)」が式 (5.7) の上側信頼限界の分母 $\chi^2_{n-1}(1-0.05/2)$，図 5.8 の「95%信頼区間 (2)」が下側信頼限界の分母 $\chi^2_{n-1}(0.05/2)$ である．

例 5.4：全国の大学 2 年生から 8 人の学生を無作為に抽出して，1 ヵ月に読む書籍の冊数を調べた結果を下表に示す．

| 3 | 7 | 1 | 5 | 2 | 9 | 6 | 4 | 6 | 10 |

この観測値に対する母分散の 95%信頼区間を求める．まず，不偏分散 s^2 を計算すると，$s^2 = 8.456$ である．このとき，自由度 ν は $\nu = 10 - 1 = 9$ であり，信頼係数 $(1-\alpha/2)$ より上側確率は $\alpha/2 = 0.05/2 = 0.025$ である．したがって，$\chi^2_9(0.025)$（自由度 9 のカイ 2 乗分布における上側 2.5 パーセント点）および $\chi^2_9(0.975)$（自由度 9 のカイ 2 乗分布における上側 97.5 パーセント点）は，カイ 2 乗分布表より

ν	α							
	0.990	0.975	0.95	0.90	0.10	0.05	0.025	0.001
8	1.65	2.18	2.73	3.49	13.36	15.51	17.53	26.12
9	2.09	2.70	3.33	4.17	14.68	16.92	19.02	27.88
10	2.56	3.25	3.94	4.87	15.99	18.31	20.48	29.59

のように与えられる．よって，$\chi^2_9(0.025) = 19.02$, $\chi^2_9(0.975) = 2.70$ である．母分散に対する 95%信頼区間の上側信頼限界，下側信頼限界は，それぞれ

$$\text{下側信頼限界}：\frac{(n-1)s^2}{\chi^2_{n-1}(\alpha/2)} = \frac{9 \times 8.456}{19.02} = 4.00$$

$$\text{上側信頼限界}：\frac{(n-1)s^2}{\chi^2_{n-1}(1-\alpha/2)} = \frac{9 \times 8.456}{2.70} = 28.19$$

である．したがって，読書冊数の母分散 σ^2 に対する 95%信頼区間は $[4.00, 28.19]$ である．

5.4 章末問題

問題 5.1：W 大学では，在籍学生の朝食の摂取率を調査するために，300 名の学生を無作為に抽出して「朝食は毎日食べているか否か」についてアンケートを実施した．母集団と標本の記述について正しいものを次の (a)～(d) のうちから 1 つ選びなさい．

(a) 母集団：日本の大学の学生全員，標本：ランダムに選択された 300 人の 3 年生の学生
(b) 母集団：W 大学の学生全員，標本：W 大学に所属する 300 人の学生
(c) 母集団：日本の大学の学生全員，標本：W 大学に所属する 300 人の学生
(d) 母集団：W 大学の学生全員，標本：ランダムに選択された 300 人の 3 年生の学生

問題 5.2：W 大学では，在籍学生の朝食の摂取率を調査するために，「朝食は毎日食べているか否か」についてアンケートを実施することを計画している．自宅学生と下宿学生の違いが学生の朝食の摂取状況の違いに影響すると考えられる．W 大学では，60 パーセントが自宅学生であり，40 パーセントが下宿学生である．そのため，無作為に抽出される学生の 60 パーセントが自宅学生，40 パーセントが下宿学生になるように標本抽出する方法の名前と調査の方法を簡潔に述べなさい．

問題 5.3：いま，医学研究において，新薬を 40 名に投与したところ 26 名に有効だった．このとき，薬の有効率に対する 95％信頼区間を求めなさい．

問題 5.4：ある大学で統計学の試験を行ったところ，9 名が欠席したため再試験を行った．このときの 9 名の再試験の結果は次のとおりである．

| 131 | 119 | 127 | 156 | 112 | 115 | 139 | 138 | 139 |

他の学生の試験成績から母分散が 197.25 であることがわかっている．このとき，母平均に対する 95%信頼区間を求めなさい．

問題 5.5 ： 次の表は，ある薬剤をラットに投与したときの検査値を表している．

| 27.3 | 32.5 | 26.6 | 35.2 | 30.2 | 28.4 | 33.2 | 31.7 | 29.7 | 30.4 |

母平均に対する 95%信頼区間を計算しなさい．

問題 5.6 ： ある電気器具の部品 1 つのロットのなかから 8 個を抽出し，電気抵抗を測定したときの結果を以下に示す．

| 5.08 | 5.12 | 5.10 | 5.12 | 5.08 | 5.10 | 5.08 | 5.14 |

母分散に対する 95％信頼区間を求めなさい．

6 | 1標本における仮説検定

●本章の目標●

1. 仮説検定の流れについて理解する.
2. 比較目標に応じた対立仮説を選択できる.
3. 1標本における仮説検定を適切に選択および応用できる.

6.1 仮説検定の考え方

仮説検定とは,仮説の真偽を統計的に評価するための方法である.本章では,仮説検定における用語と流れについて説明する.

6.1.1 帰無仮説と対立仮説

いま,ある特定の疾患の患者に対して,n 人の被験者に新薬を投与し,x 人に有効だったという研究結果が報告されたとする.既存薬の有効率が p_0 であるとき,新薬の有効率が既存薬の有効率と異なるかを検討する.このとき,新薬の母集団分布は,標本サイズ (被験者数)n,有効率 (母比率)p の2項分布 $B(n,p)$ であると仮定する.

したがって,$p = p_0$ であれば,新薬の有効率は,既存薬の有効率と差が認められないことを意味する.この「差がない」とする仮説 H_0 を**帰無仮説**という.これに対して,新薬の有効率 p と既存薬の有効率 p_0 が「異なる」とする仮説 H_1 を**対立仮説**という.つまり,対立仮説 H_1 がいいたい仮説であり,帰無仮説は,対立仮説 H_0 の逆仮説である.仮説検定では,観測値 (実現値) に対して,帰無仮説 H_0 を想定し,その仮説のもとで観測値がどの程度珍しいか (稀に起きるか) を検討する.そして,その稀に起きる程度が許容値よりも小さい場合には,帰無仮説 H_0 の確からしさが非常に小さいことから,その逆仮説である対立仮説 H_1 が適切であると判断される.

帰無仮説は,対立仮説の逆仮説であるが,その確からしさを計算するための次のように考える.一般的に表すために,母集団分布のパラメータを θ,帰無仮

説のもとでのパラメータを θ_0 とする．新薬の有効率の事例 (2 項分布における母比率) の場合，母集団分布のパラメータ $\theta = p$ であり，帰無仮説のパラメータ $\theta_0 = p_0$ である．ちなみに，正規分布では θ が平均 μ あるいは分散 σ^2 のいずれかである．

このとき，帰無仮説 H_0 は

$$H_0 : \theta = \theta_0$$

である．このとき，対立仮説には 3 種類

両側対立仮説 　　　$H_1 : \theta \neq \theta_0$
片側対立仮説 (1) 　$H_1 : \theta > \theta_0$
片側対立仮説 (2) 　$H_1 : \theta < \theta_0$

が存在する．新薬の有効率の事例 (2 項分布における母比率) の場合，両側対立仮説 $H_1 : p \neq p_0$ は，「新薬の有効率 p は既存薬の有効率 p_0 と異なる」を意味する．また，片側対立仮説 (1)$H_1 : p > p_0$ は，「新薬の有効率 p は既存薬の有効率 p_0 よりも大きい」を意味する．さらに，片側対立仮説 (1)$H_1 : p < p_0$ は，「新薬の有効率 p は既存薬の有効率 p_0 よりも小さい」を意味する．

6.1.2 検定統計量と帰無分布

仮説検定では，帰無仮説 H_0 の確からしさを評価して，仮説の真偽を評価する．帰無仮説 H_0 が正しいときに，帰無仮説 H_0 の確からしさを評価するための統計量が**検定統計量**である．そして，検定統計量が帰無仮説 H_0 のもとで得られる可能性が非常に低いことを示し，対立仮説 H_1 が正しい (対立仮説 H_1 を支持する) という評価を行う．帰無仮説 H_0 のもとで，検定統計量はある確率分布に従う．この確率分布のことを**帰無分布**という．

帰無分布の期待値は帰無仮説 H_0 で設定したパラメータと完全に一致することを意味する．また，母集団のパラメータが帰無分布の期待値よりも小さいとき，母集団分布のパラメータ θ が帰無仮説 H_0 のパラメータ θ_0 よりも小さい状況にあり，帰無分布の期待値よりも母集団のパラメータ θ が大きいときは，母集団分布のパラメータ θ が帰無仮説 H_0 のパラメータ θ_0 よりも大きい状況にある．帰無分布において，検定統計量が帰無分布の期待値よりも外れた値をとる (より裾側の値をとる) 確率は，帰無仮説 H_0 が正しいときに，検定統計量が得られる確率を表す．これを **p 値** (**有意確率**) という．そして，p 値において，対

立仮説が正しいと判断するためのしきい値を有意水準 α という．すなわち，p 値 $< \alpha$ ならば帰無仮説が正しいとはいえない (帰無仮説が正しいということはほとんどない) と判断され，逆仮説の対立仮説が正しいと判断される．これを**「有意である」**あるいは，**「帰無仮説が棄却される (対立仮説を支持する)」**という．他方，p 値 $\geq \alpha$ ならば帰無仮説が誤っているとはいえないと判断される．これを**「有意でない」**あるいは，**「帰無仮説が受容される」**という．

統計ソフトウェアでは，p 値が判断に利用される．しかしながら，手計算では p 値を計算することは難しい．そのため，手計算では，確率分布表を用いて，有意水準 α での検定統計量がとり得る値を見出す．この有意水準 α での検定統計量の値を**棄却限界値**という．下側の棄却限界値を下側棄却限界値 y^- といい，上側の棄却限界値を上側棄却限界値 y^+ という．そして，棄却限界値を境界線に帰無仮説が棄却される領域を**棄却域**といい，受容される領域を**受容域**という．

図 6.1 は棄却域，受容域の模式図である．ここで横軸は検定統計量 y であり，右に行くほど検定統計量が大きいことを意味する．また，青色の曲線は帰無分布の確率密度関数を表している．両側対立仮説「$H_1 : \theta \neq \theta_0$」では，$\theta < \theta_0$ および $\theta > \theta_0$ のいずれの状況も対立仮説が支持される．すなわち，両側対立仮説では，帰無分布に対して両端の裾が検討されるため，有意水準 α のとき $\alpha/2$ をそれぞれの端に割り当てる．p 値は帰無分布の期待値に対して，検定統計量が裾側をとる確率の小さいほうである．また，棄却限界値は，$\Pr(Y \leq y^- | H_0) = \alpha/2$ となる y^- および $\Pr(Y \geq y^+ | H_0) = \alpha/2$ となる y^+ である．そして，y^- よりも小さな検定統計量の領域，および y^+ よりも大きな検定統計量の領域が棄却域，y^- から y^+ の間が受容域になる．

片側対立仮説 (1)「$H_1 : \theta > \theta_0$」では，$\theta > \theta_0$ のみで対立仮説が支持されるため，有意水準 α をそのまま用いる．p 値は検定統計量よりも大きな値をとる確率として定義される．棄却限界値は $\Pr(Y \geq y^+ | H_0) = \alpha$ となる y^+ であり，y^+ よりも大きな検定統計量の領域が棄却域，y^+ 以下の領域が受容域である．

片側対立仮説 (2)「$H_1 : \theta < \theta_0$」では，$\theta < \theta_0$ のみで対立仮説が支持されるため，有意水準 α をそのまま用いる．p 値は検定統計量よりも小さな値をとる確率として定義される．棄却限界値は $\Pr(Y \leq y^- | H_0) = \alpha$ となる y^- であり，y^- よりも小さな検定統計量の領域が棄却域，y^- 以上の領域が受容域である．

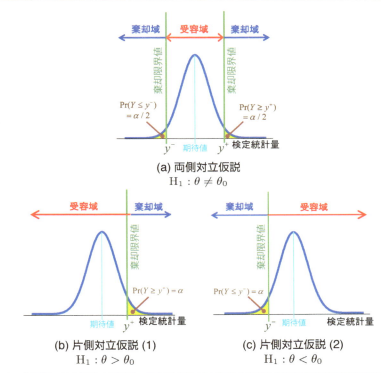

図 6.1 3 種類の対立仮説の棄却域・受容域の模式図 (青色の実線は帰無分布の確率密度関数である)

6.1.3 第 1 種の過誤と第 2 種の過誤

仮説検定を実施するとき，2 種類の誤りが考えられる．1 つは帰無仮説 H_0 が真であるにもかかわらず，帰無仮説を棄却する誤りであり，これを**第 1 種の過誤**という．もう 1 つは，対立仮説 H_1 が真であるにもかかわらず，帰無仮説を棄却できないという誤りであり，これを**第 2 種の過誤**という．

図 6.2 は，第 1 種の過誤と第 2 種の過誤の意味を表している．仮説検定においては検定方式を決める際に，事前に第 1 種の過誤の確率 α を設定して，棄却域を決定する．この確率 α が有意水準である．このとき，有意水準 α は，帰無仮説 H_0 が真であるときに正しくないと判断する確率であり，帰無仮説 H_0 が正しくないことを表す確率ではないことに注意しなければならない．また，検定統計量の値を算出し，この値が棄却域に入るかどうかで帰無仮説 H_0 を棄却するか否かを決定する．この推測の手続きが仮説検定であるといえる．このと

	仮説検定で評価	標本サイズで規定
	H_0 が正しい [H_1:偽]	H_1 が正しい [H_0:偽]
H_0 を棄却 [H_1 を受容]	第1種の過誤 $\Pr(\text{reject} \mid H_0) = \alpha$	検出力 $\Pr(\text{reject} \mid H_1) = 1-\beta$
H_0 を受容 [H_1 を棄却]	正しい判断 $\Pr(\text{accept} \mid H_0) = 1-\alpha$	第2種の過誤 $\Pr(\text{accept} \mid H_1) = \beta$

図 6.2 第 1 種の過誤と第 2 種の過誤 (reject とは棄却を意味し, accept は受容を意味する)

き, p 値とは帰無仮説 H_0 が真であるにもかかわらず, 偶然的に差が得られる可能性を意味する. すなわち, p 値が大きいとは, 偶然に得られる可能性が高いことを表し, p 値が小さい (有意である) とは, 得られた差が偶然的に得られる値を超えていることを意味する. したがって, 仮説検定は, 帰無仮説 H_0 が棄却されることが中心であり, 棄却されなかった (帰無仮説 H_0 が有意でない) からといって, 帰無仮説 H_0 が積極的に支持されたわけでない. このような場合には, 「帰無仮説 H_0 が誤っているという根拠が得られなかった」ことを示すだけである.

第 2 種の過誤の確率 β は, 対立仮説 H_1 が真であるにもかかわらず, 帰無仮説 H_0 が正しいと誤る確率である. このとき, $1-\beta$ は, 対立仮説 H_1 が真のときに正しく対立仮説 H_1 が正しいと判断する確率であり, **検出力**という. 仮説検定では, 検出力が高い (第 2 種の過誤が小さい) 統計手法を選択することが重要である. また, 同じ統計手法であるとき, 検出力 $1-\beta$ は標本サイズ n が大きくなるほど高くなる. すなわち, 検出力は標本サイズ n でのみ規定される.

第 1 種の過誤と第 2 種の過誤について, 例を挙げて述べる.

例 6.1 : いま, ある疾患に対する新薬の有効性を検証する研究 (臨床試験) の結果を検討しているとする. このとき, 新薬に対して「有効である」と判断してしまうと, その新薬が有効でなくても患者に投与するおそれがある. このとき, 有効でない新薬を有効であると判断することが第 1 種の過誤であり, その確率が α である. 一方で, 有効な新薬に対して「有効でない」と判断してしまうと, 有効な新薬を患者に投与できないおそれがある. このとき, 有効な新薬を有効でないと判断することが第 2 種の過誤で, その確率が β であり, 有効な新薬を正しく患者に投与できる確率が検出力 $1-\beta$ である.

6.1.4 仮説検定の流れ

図 6.3 に仮説検定の流れを示す．ここで，橙色の箱は研究計画前に決定される．緑色の箱は仮説検定および評価であり，青色の箱は結果の解釈を表している．

「帰無仮説 H_0 および対立仮説 H_1 を立てる」とは，当該研究において評価対象 (母集団分布およびパラメータ θ)，およびこのときの対立仮説 H_1 を考えることを意味する．たとえば，「新薬の有効率 (有効だった患者の比率)p が既存薬の有効率 p_0 を上回る」ことが研究の目的であるならば，2 項分布の母比率 p が評価対象であり，対立仮説 $H_1 : p > p_0$(片側対立仮説 (1)) である．有意水準 α の設定では，$\alpha = 0.05$ が用いられることが多い．

「検定統計量 y」は，研究対象 (母集団分布およびパラメータ θ) に対する適切な仮説検定および帰無分布に基づいて計算される．計算方法については次節以降で述べる．検定統計量に基づいて帰無仮説 H_0 が棄却できるか否かを評価する方法には，(1)p 値による評価，および (2) 検定統計量による評価，の 2 種

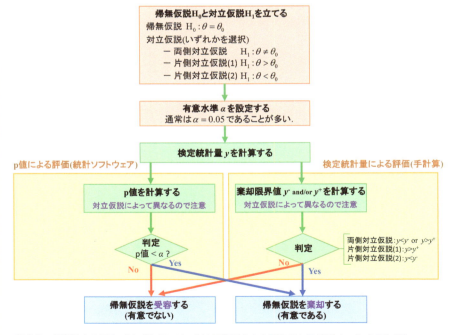

図 6.3 仮説検定のアルゴリズム (ここに θ は母集団分布の関心のあるパラメータ θ である)

類がある.

　p値による評価では検定統計量の帰無分布に基づいてp値を計算したうえで,有意水準αと比較する.なお,両側対立仮説の場合には,有意水準αを左右の裾で分け合うため,p値を2倍するか,あるいはp値を$\alpha/2$と比較しなければならない.なお,この評価には統計ソフトウェアが用いられることが多く,これらのソフトウェアでは,両側対立仮説の場合にはp値が2倍された値で出力される.

　検定統計量による評価では,帰無分布に基づいて棄却限界値を計算する.このとき,対立仮説によって棄却限界値および棄却域が異なることに注意しなければならない(6.1.2項を参照).なお,棄却限界値は,確率分布表を用いることで手計算することができる.そのため,本書では,この方法による仮説検定の計算を行う.

　得られたp値あるいは棄却限界値に基づいて,帰無仮説H_0の真偽が評価される.ここで,2つ注意点がある.1つは,帰無仮説が受容された場合の解釈である.このとき,帰無仮説を受容したからといって,帰無仮説を支持するということではない.仮説検定において「帰無仮説を棄却しない」ということは,帰無仮説を棄却する根拠がないというだけであって,積極的に帰無仮説が正しいということを主張するものではない.

　もう1つは,両側対立仮説と片側対立仮説の選択の問題である.両側対立仮説では,棄却限界値の計算には片側あたり有意水準が$\alpha/2$であることを用いるため,片側対立仮説のαよりも有意になりくい(図6.4).そのため,検定統計量が図6.4の青色の領域に布置されるとき「両側対立仮説であれば有意でない

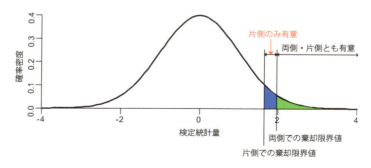

図 6.4 両側対立仮説と片側対立仮説による棄却限界値の違い

のに，片側対立仮説では有意である」という状況になる．ただし，「片側対立仮説は支持できるが，両側対立仮説は支持できない」と**判断してはならない**．仮説は研究前に設定される問題であり，研究後に (観測値が与えられた状況で) 設定すべきでない．

6.2　1 標本における統計的検定の方法

本節では，離散型確率変数に対して母比率の検定，連続型確率変数に対して母平均の検定，および母分散の検定について述べる．

6.2.1　母比率の検定

2 項分布 $\mathrm{Bin}(n,p)$ の母比率を p，帰無仮説のもとでの比率を p_0 とすると，母比率の検定における帰無仮説 H_0 は，

$$\text{帰無仮説 } \mathrm{H}_0 : p = p_0 \quad (\text{母比率 } p \text{ は } p_0 \text{ と等しい})$$

である．このとき，3 種類の対立仮説 H_1 は，

両側対立仮説　　　$\mathrm{H}_1 : p \neq p_0$，（母比率 p は p_0 と等しくない）
片側対立仮説 (1)　$\mathrm{H}_1 : p > p_0$，（母比率 p は p_0 よりも大きい）
片側対立仮説 (2)　$\mathrm{H}_1 : p < p_0$，（母比率 p は p_0 よりも小さい）

のいずれかである．

このとき，母比率の検定の検定統計量 z_0 および帰無分布は，次のように構成される．

> ❖**母比率の検定**
>
> いま，2 項分布 $\mathrm{Bin}(n,p)$ の母集団から無作為に抽出した n 個の観測値のうち成功回数が x である．ここで，標本比率は，$\hat{p} = x/n$ である．このとき，検定統計量 z_0 は，
>
> $$z_0 = \frac{\hat{p} - p_0}{\sqrt{\frac{p_0(1-p_0)}{n}}} \tag{6.1}$$
>
> で与えられる．さらに，連続性補正 (下に記載) を行った場合には，
>
> $$z_0 = \frac{x - np_0 - 0.5}{\sqrt{np_0(1-p_0)}} \tag{6.2}$$
>
> である．検定統計量 z_0 は，帰無仮説 H_0 のもとで近似的に**標準正規分布**に従う．

5.3.3 項で述べたが，標本サイズ n が十分に大きいとき，成功回数 $x \sim \mathrm{Bin}(n,p)$（$\sim$ は「分布に従う」を意味する）は，正規分布 $\mathrm{N}(np, p(1-p)n)$ で近似できるため，母比率の検定の検定統計量の帰無分布は，標準正規分布で近似される．他方，標本サイズ n が十分に大きくない場合には，2 項分布の正規近似（正規分布による近似）の近似精度は高くない．図 6.5 は，標本サイズ $n = 15$, 比率 $p = 0.5$ の 2 項分布 $\mathrm{Bin}(15, 0.5)$ での正規近似を表している．正規近似での曲線 (赤色) が，2 項分布の累積分布関数の曲線 (黒色) の下側に布置されていて，近似精度が悪いことが伺える．

そのため，式 (6.1) に対して，次の補正

$$z_0 = \frac{\frac{x}{n} - \left(p_0 + \frac{1}{2n}\right)}{\sqrt{\frac{p_0(1-p_0)}{n}}} = \frac{\frac{1}{n}(x - np_0 - 0.5)}{\sqrt{\frac{p_0(1-p_0)}{n}}}$$
$$= \frac{x - np_0 - 0.5}{\sqrt{np_0(1-p_0)}}$$

を行ったのが，式 (6.2) である．これを**連続性補正**という．連続性補正での正規近似は，図 6.5 の緑色の曲線である．2 項分布の累積分布関数の曲線 (黒色) とほぼ重なっていることがわかる．

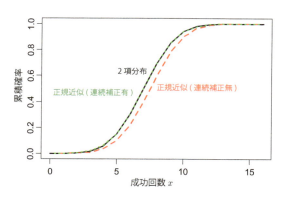

図 6.5 2 項分布 $\mathrm{Bin}(15, 0.5)$ の正規近似 (黒：2 項分布，赤：正規近似，緑：連続性補正を行った正規近似)

検定統計量 z_0 が有意 (対立仮説を支持) になるか否かは，標準正規分布の上側 $100 \cdot \alpha$ (両側対立仮説の場合には $100 \cdot \alpha/2$) パーセント点 $z(\alpha)$ (あるいは $z(\alpha/2)$) と比較しなければならない．ただし，正規分布表では上側確率が表されることから，上側パーセント点を見出すのは困難である．そのため，棄却限界値 $z(\alpha)$ (あるいは $z(\alpha/2)$) には，

α	0.05	0.01
両側 $z(\alpha/2)$	1.960	2.576
片側 $z(\alpha)$	1.645	2.326

を利用する．

このとき，対立仮説 H_1 によって，

- **両側対立仮説**：検定統計量 z_0 の帰無分布は標準正規分布である．標準正規分布は，平均 0 に対して対称分布なので，検定統計量の絶対値 $|z_0|$ に対して，棄却限界値として標準正規分布の上側 $100 \cdot (\alpha/2)$ パーセント点 $z(\alpha/2)$ を用いる．すなわち，検定統計量の絶対値 $|z_0|$ と棄却限界値 $z(\alpha/2)$ を比較し，$|z_0| > z(\alpha/2)$ であれば有意である．そうでなければ有意でない．

- **片側対立仮説 (1)**：検定統計量 z_0 に対して，棄却限界値として標準正規分布の上側 $100 \cdot \alpha$ パーセント点 $z(\alpha)$ を用いる．すなわち，検定統計量 z_0 と棄却限界値 $z(\alpha)$ を比較し，$z_0 > z(\alpha)$ であれば有意である．そうでなければ有意でない．

- **片側対立仮説 (2)**：検定統計量 z_0 に対して，棄却限界値として標準正規分布の下側 $100 \cdot \alpha$ パーセント点 $z(1-\alpha)$ を用いる．$z(1-\alpha) = -z(\alpha)$ であることから，検定統計量 z_0 と棄却限界値 $-z(\alpha)$ を比較し，$z_0 < -z(\alpha)$ であれば有意である．そうでなければ有意でない．

のように解釈される．

例 6.2：A 県で電動アシスト自転車の普及率を調査した．無作為に抽出された 350 世帯のうち 12 世帯が電動アシスト自転車を保有していた．この保有率は，全国平均 3% より高いか否かを，有意水準 0.05 のもとで検定する．

帰無仮説 H_0 および対立仮説 H_1 を立てる．本事例では，A 県での電動アシスト自転車が全国保有率 p が $p_0 = 0.03$ よりも高いか否か検討することから，片側対立仮説 (1) になるので，

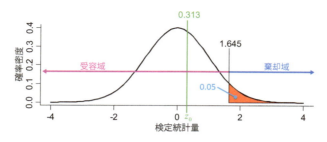

図 6.6 電動アシスト自転車の普及率に対する母比率の検定の図示

帰無仮説 H_0：A 県で電動アシスト自転車の普及率は全国普及率 3 パーセントと同じである $(p = 0.03)$.

対立仮説 H_1：A 県で電動アシスト自転車の普及率は全国普及率 3 パーセントよりも高い $(p > 0.03)$.

である．

このとき，検定統計量 (連続性補正)z_0 は，式 (6.2) を用いて

$$z_0 = \frac{12 - 350 \times 0.03 - 0.5}{\sqrt{350 \times 0.03 \times (1 - 0.03)}} = 0.313$$

である．棄却限界値 $z(0.05) = 1.645$ に対して，検定統計量 z_0 の位置は，図 6.6 に示すとおりである．つまり，$z_0 < z(0.05)$ であることから，帰無仮説 H_0 が受容される (有意でない)．したがって，ある県の電動アシスト自転車の普及率は，全国平均 3 パーセントよりも高いという根拠は得られなかった．

6.2.2 母平均の検定

いま，正規分布 $N(\mu, \sigma^2)$ の母平均を μ，帰無仮説のもとでの平均を μ_0 とすると，帰無仮説 H_0 は，

$$帰無仮説\ H_0 : \mu = \mu_0$$

である．このとき，3 種類の対立仮説は，

両側対立仮説　　　$H_1 : \mu \neq \mu_0$，(母平均 μ は μ_0 と等しくない)
片側対立仮説 (1)　$H_1 : \mu > \mu_0$，(母平均 μ は μ_0 よりも大きい)
片側対立仮説 (2)　$H_1 : \mu < \mu_0$，(母平均 μ は μ_0 よりも小さい)

のいずれかである．母平均の検定には，5.3.4 項の母平均に対する信頼区間と同

様に母分散が既知である場合と未知である場合がある．

(a) 母分散が既知である場合

母分散が既知である場合の母平均の検定は次のように定義される．

> **❖ 母分散が既知での母平均の検定**
>
> いま，正規分布 $N(\mu, \sigma^2)$ の母集団から無作為に抽出した n 個の観測値 $x_1, x_2, \ldots, x_n$ に対して，標本平均 $\bar{x}$ は，
> $$\bar{x} = \frac{1}{n} \sum_{i=1}^{n} x_i,$$
> である．母分散 σ^2 が既知である場合，検定統計量 z_0 は，
> $$z_0 = \frac{\bar{x} - \mu_0}{\sqrt{\sigma^2/n}} \tag{6.3}$$
> で与えられる．検定統計量 z_0 は，帰無仮説 H_0 のもとで標準正規分布に従う．

母分散 σ^2 が既知の場合，母平均の検定の検定統計量 z_0 の帰無分布は，母比率の検定と同様に標準正規分布である．棄却限界値 $z(\alpha)$(両側対立仮説の場合には $z(\alpha/2)$) には，前節の数値を利用することで，3 種類の対立仮説 H_1 に対する評価は，

- **両側対立仮説**：検定統計量の絶対値 $|z_0|$ と棄却限界値 $z(\alpha/2)$(標準正規分布) を比較し，$|z_0| > z(\alpha/2)$ であれば有意である．そうでなければ有意でない．
- **片側対立仮説 (1)**：検定統計量 z_0 と棄却限界値 $z(\alpha)$ を比較し，$z_0 > z(\alpha)$ であれば有意である．そうでなければ有意でない．
- **片側対立仮説 (2)**：検定統計量 z_0 と棄却限界値 $-z(\alpha)$ を比較し，$z_0 < -z(\alpha)$ であれば有意である．そうでなければ有意でない．

である．

例 6.3： ある自動車量販店における，軽自動車の購入者 16 人に対する平均販売金額は 105.7(万円) だった．この自動車販売店での目標平均販売金額は，125.3(万円) である．また，この自動車販売店のチェーン店舗全体の販売実績から，標

準偏差が 32.2(万円) であることがわかっている．このとき，このディーラーの 1 人当たりの平均販売金額は，目標平均販売金額と異なるか否かを，有意水準 $\alpha = 0.05$ のもとで検定する．

帰無仮説 H_0 および対立仮説 H_1 を立てる．本事例では，ある自動車量販店の平均販売金額が目標平均販売金額 $\mu_0 = 125.3$ と異なるか否か検討することから，両側対立仮説になるので，

帰無仮説 H_0：軽自動車の平均販売金額は目標平均販売金額 125.3(万円) と同じである ($\mu = 125.3$)．

対立仮説 H_1：軽自動車の平均販売金額は目標平均販売金額 125.3(万円) と異なる ($\mu \neq 125.3$)．

である．

このとき，検定統計量 z_0 は，式 (6.3) を用いて

$$z_0 = \frac{105.7 - 125.3}{\sqrt{32.2^2/16}} = -2.435$$

である．棄却限界値 $z(0.025) = 1.96$ に対して，検定統計量 z_0 の位置は，図 6.7 のとおりである．つまり，$|z_0| > z(0.025)$(今回の場合は z_0 が負値なので，$z_0 < -z(0.025)$) であることから，帰無仮説 H_0 が棄却され対立仮説 H_1 が支持される (有意である)．したがって，軽自動車の平均販売金額は目標平均販売金額 125.3(万円) と異なる．

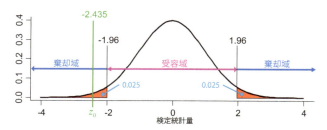

図 6.7 中古車販売価格データに対する母平均 (母分散既知) の検定の図示

(b) 母分散が未知である場合

母分散が未知である場合,母分散 σ^2 の代わりに不偏分散 s^2 が用いられ,次のように定義される.

> **❖ 母分散が未知での母平均の検定** (1 標本 t 検定)
>
> いま,正規分布 $N(\mu, \sigma^2)$ の母集団から無作為に抽出した n 個の観測値 $x_1, x_2, \ldots, x_n$ に対して,標本平均 $\bar{x}$,不偏分散 s^2 は
> $$\bar{x} = \frac{1}{n}\sum_{i=1}^{n} x_i, \quad s^2 = \frac{1}{n-1}\sum_{i=1}^{n}(x_i - \bar{x})^2$$
> である.このとき,検定統計量 t_0 は,
> $$t_0 = \frac{\bar{x} - \mu_0}{\sqrt{s^2/n}} \tag{6.4}$$
> で与えられる.検定統計量 t_0 は,帰無仮説のもとで **自由度 $n-1$ の t 分布** に従う.

ちなみに,母分散が未知での母平均の検定は,**1 標本 t 検定** と呼ばれる.このとき,3 種類の対立仮説 H_1 に対する評価は,

- **両側対立仮説**:検定統計量 t_0 の帰無分布は自由度 $n-1$ の t 分布である.t 分布は,平均 0 に対して対称分布なので,検定統計量の絶対値 $|t_0|$ に対して,棄却限界値として t 分布の上側 $100 \cdot (\alpha/2)$ パーセント点 $t_{n-1}(\alpha/2)$ を用いる.すなわち,検定統計量の絶対値 $|t_0|$ と棄却限界値 $t_{n-1}(\alpha/2)$ を比較し,$|t_0| > t_{n-1}(\alpha/2)$ であれば有意である.そうでなければ有意でない.
- **片側対立仮説 (1)**:検定統計量 t_0 と棄却限界値 $t_{n-1}(\alpha)$ を比較し,$t_0 > t_{n-1}(\alpha)$ であれば有意である.そうでなければ有意でない.
- **片側対立仮説 (2)**:検定統計量 t_0 に対して,自由度 $n-1$ の t 分布の下側 α パーセント点 $t_{n-1}(1-\alpha)$ を用いる.$t_{n-1}(1-\alpha) = -t_{n-1}(\alpha)$ であることから,検定統計量 t_0 と棄却限界値 $-t_{n-1}(\alpha)$ を比較し,$t_0 < -t_{n-1}(\alpha)$ であれば有意である.そうでなければ有意でない.

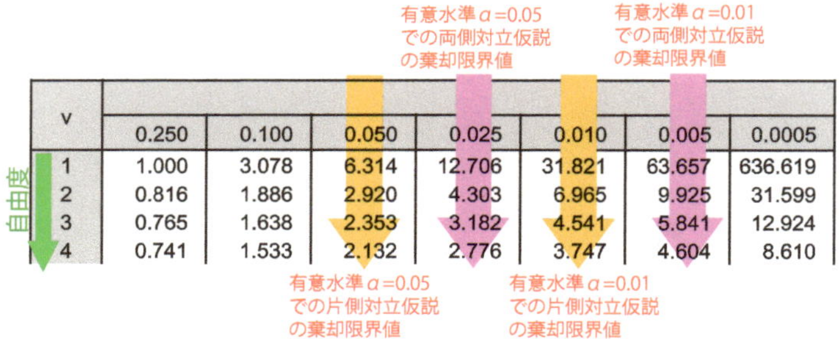

v	0.250	0.100	0.050	0.025	0.010	0.005	0.0005
1	1.000	3.078	6.314	12.706	31.821	63.657	636.619
2	0.816	1.886	2.920	4.303	6.965	9.925	31.599
3	0.765	1.638	2.353	3.182	4.541	5.841	12.924
4	0.741	1.533	2.132	2.776	3.747	4.604	8.610

有意水準 $\alpha=0.05$ での両側対立仮説の棄却限界値

有意水準 $\alpha=0.01$ での両側対立仮説の棄却限界値

有意水準 $\alpha=0.05$ での片側対立仮説の棄却限界値

有意水準 $\alpha=0.01$ での片側対立仮説の棄却限界値

自由度

図 6.8　t 分布表における 1 標本 t 検定の棄却限界値

図 6.8 は，t 分布表における棄却限界値を表している．有意水準 $\alpha = 0.05$ において，両側対立仮説の場合には 0.025 の列，片側対立仮説の場合には 0.050 の列を参照しなければならない．

例 6.4： ある高校では 13 名の生徒に対して，数学の夏期補講を行い，その後に試験 (満点：150 点) を行った．その結果を以下に示す．

| 131 | 119 | 127 | 156 | 112 | 115 | 139 | 138 | 137 | 129 | 138 | 142 | 128 |

夏期補講を受けなかった生徒の平均は 115 点だったとき，夏期補講を受けた生徒のほうが点数がよいといえるか否かを，有意水準 0.05 のもとで検定する．

検定を実施する前に，帰無仮説 H_0 および対立仮説 H_1 を立てる．本事例では，夏期補講を受けた生徒の母平均 μ が $\mu_0 = 115$ よりも高いか否か検討することから，片側対立仮説 (1) になるので，

帰無仮説 H_0：夏期補講を受けた生徒の試験結果は，受けなかった生徒の平均 115 と同じである $(\mu = 115)$．

対立仮説 H_1：夏期補講を受けた生徒の試験結果は，受けなかった生徒の平均 115 よりもよい $(\mu > 115)$．

である．

次いで検定統計量 t_0 を計算する．標本平均 $\bar{x} = 131.615$，不偏分散 $s^2 = 144.090$ なので，検定統計量 t_0 は，式 (6.4) を用いて

$$t_0 = \frac{\bar{x} - \mu_0}{\sqrt{s^2/n}} = \frac{131.615 - 115}{\sqrt{144.090/13}} = 4.991$$

である．

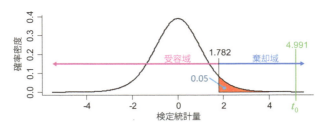

図 6.9 夏期補講後のテストの点数のデータに対する 1 標本 t 検定 (母分散未知での母平均の検定) の図示

検定統計量は帰無仮説 H_0 のもとで自由度 $\nu = 13 - 1 = 12$ の t 分布に従うので，棄却限界値 $t_{12}(0.05)$ は，t 分布表より，

ν	α						
	0.995	0.975	0.050	0.025	0.001	0.005	0.0005
11	0.697	1.363	1.796	2.201	2.718	3.106	4.437
12	0.695	1.356	1.782	2.179	2.681	3.055	4.318
13	0.694	1.350	1.771	2.160	2.650	3.012	4.221

である．棄却限界値 $t_{12}(0.05) = 1.782$ に対して，検定統計量 t_0 の位置は，図 6.9 である．つまり，$t_0 > t_{12}(0.05)$ であることから，帰無仮説 H_0 が棄却され対立仮説 H_1 が支持される (有意である)．したがって，夏期補講を受けた生徒の試験の点数は，受けなかった生徒の平均よりも高いといえる．

6.2.3 母分散の検定

正規母集団のパラメータには，母平均 μ だけでなく，母分散 σ^2 がある．生産された測定計器の個々の精度あるいは，出荷された農作物など，一定の品質を保持しなければいけないデータなどの評価には，分散を問題にすることがある．ここでは，母分散 σ^2 に対する検定の方法について触れる．

正規分布 $N(\mu, \sigma^2)$ の母集団での分散 (母分散) を σ^2，帰無仮説のもとでの分散を σ_0^2 とすると，母分散の検定における帰無仮説 H_0 は，

$$帰無仮説\ H_0 : \sigma^2 = \sigma_0^2$$

である．このとき，3 種類の対立仮説 H_1 は，

両側対立仮説　　　$H_1 : \sigma^2 \neq \sigma_0^2$，(母分散 σ^2 は σ_0^2 と等しくない)
片側対立仮説 (1)　$H_1 : \sigma^2 > \sigma_0^2$，(母分散 σ^2 は σ_0^2 よりも大きい)
片側対立仮説 (2)　$H_1 : \sigma^2 < \sigma_0^2$，(母分散 σ^2 は σ_0^2 よりも小さい)

となる.

> ❖ **母分散の検定**
>
> いま，正規分布 $N(\mu, \sigma^2)$ の母集団から無作為に抽出した n 個の観測値 $x_1, x_2, \ldots, x_n$ が与えられた．このとき，不偏分散 s^2 は
>
> $$s^2 = \frac{1}{n-1} \sum_{i=1}^{n} (x_i - \bar{x})^2$$
>
> である．ここで，$\bar{x}$ は標本平均である．このとき，検定統計量は，
>
> $$\chi_0^2 = \frac{(n-1)s^2}{\sigma_0^2} \tag{6.5}$$
>
> で与えられる．検定統計量 χ_0^2 は，帰無仮説 H_0 のもとで**自由度 $n-1$ のカイ 2 乗分布**に従う．

3 種類の対立仮説に対する評価は，

- **両側対立仮説**：検定統計量 χ_0^2 の帰無分布は自由度 $n-1$ のカイ 2 乗分布である．棄却限界値は，上側棄却限界値が自由度 $n-1$ のカイ 2 乗分布における上側 $100 \cdot (\alpha/2)$ パーセント点 $\chi_{n-1}^2(\alpha/2)$ であり，下側棄却限界値が自由度 $n-1$ のカイ 2 乗分布における下側 $100 \cdot (\alpha/2)$ パーセント点 $\chi_{n-1}^2(1-\alpha/2)$ である．カイ 2 乗分布は非対称な形状をもつので，検定統計量 χ_0^2 と上側棄却限界値 $\chi_{n-1}^2(\alpha/2)$ および，下側棄却限界値 $\chi_{n-1}^2(1-\alpha/2)$ を比較する．そして，$\chi_0^2 > \chi_{n-1}^2(\alpha/2)$ あるいは $\chi_0^2 < \chi_{n-1}^2(1-\alpha/2)$ であれば有意である．そうでなければ有意でない．
- **片側対立仮説 (1)**：検定統計量 χ_0^2 と棄却限界値 $\chi_{n-1}^2(\alpha)$ を比較し，$\chi_0^2 > \chi_{n-1}^2(\alpha)$ であれば有意である．そうでなければ有意でない．
- **片側対立仮説 (2)**：検定統計量 χ_0^2 と棄却限界値 $\chi_{n-1}^2(1-\alpha)$ を比較し，$\chi_0^2 < \chi_{n-1}^2(1-\alpha)$ であれば有意である．そうでなければ有意でない．

である．

検定統計量 χ_0^2 が有意 (対立仮説 H_1 を支持) できるか否かは，有意水準 α (あるいは $\alpha/2$) での自由度 $n-1$ のカイ 2 乗分布の上側パーセント点と比較しなければならない．しかしながら，カイ 2 乗分布は非対称分布であることから，仮説ごとにカイ 2 乗分布表の使い方が異なる．図 6.10 はカイ 2 乗分布表におけ

				α				
ν	0.990	0.975	0.95	0.90	0.10	0.05	0.025	0.001
1	0.00	0.00	0.00	0.02	2.71	3.84	5.02	10.83
2	0.02	0.05	0.10	0.21	4.61	5.99	7.38	13.82
3	0.11	0.22	0.35	0.58	6.25	7.81	9.35	16.27
4	0.30	0.48	0.71	1.06	7.78	9.49	11.14	18.47

（自由度）

- 有意水準 α=0.05 での片側対立仮説 (2) の棄却限界値 → 0.975列
- 有意水準 α=0.05 での両側対立仮説の下側棄却限界値 → 0.975列
- 有意水準 α=0.05 での片側対立仮説 (1) の棄却限界値 → 0.05列
- 有意水準 α=0.05 での両側対立仮説の上側棄却限界値 → 0.025列

図 6.10 カイ 2 乗分布表におけるカイ 2 乗検定の棄却限界値

るカイ 2 乗検定の棄却限界値を表している．有意水準 $\alpha = 0.05$ において，両側対立仮説の場合には 0.025(上側棄却限界値) および 0.975(下側棄却限界値) との列，片側対立仮説 (1) の場合には 0.050 の列，そして片側対立仮説 (2) の場合には，0.95 の列を参照しなければならない．

例 6.5：ここでは，例 6.3 の自動車量販店の例を用いる．この自動車販売店では，16 人に販売された軽自動車の販売金額の分散 $s^2 = 33.3^2 = 1108.89$ だった．この自動車販売店のチェーン店舗全体の販売金額に対する分散 σ_0^2 は，$\sigma_0^2 = 32.2^2 = 1036.84$ であることがわかっている．この自動車販売店の母分散 σ^2 がチェーン店舗全体の分散 σ_0^2 と異なるか否かを有意水準 0.05 のもとで検定する．

帰無仮説 H_0 および対立仮説 H_1 を立てる．本事例では，ある自動車販売店の販売金額に対する分散 σ^2 が $\sigma_0^2 = 1036.84$ と異なるか否かを検討することから，両側対立仮説になるので，

帰無仮説 H_0：自動車販売店の販売金額に対する母分散が 1036.84 と同じである
$(\sigma^2 = 1036.84)$．

対立仮説 H_1：自動車販売店の販売金額に対する母分散が 1036.84 と同じでない
$(\sigma^2 \neq 1036.84)$．

である．

次いで，検定統計量 χ_0^2 は，式 (6.5) を用いて
$$\chi_0^2 = \frac{(16-1) \times 1108.89}{1036.84} = 16.042$$

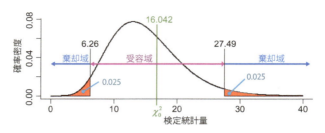

図 6.11 中古車販売価格データに対する母分散の検定の図示

である.

検定統計量は帰無仮説 H_0 のもとで自由度 $\nu = 16 - 1 = 15$ のカイ 2 乗分布に従うので,棄却限界値 $\chi^2_{15}(0.025)$, $\chi^2_{15}(0.975)$ は,カイ 2 乗分布表より,

ν	α							
	0.990	0.975	0.95	0.90	0.10	0.05	0.025	0.001
14	4.66	5.63	6.57	7.79	21.06	23.68	26.12	36.12
15	5.23	6.26	7.26	8.55	22.31	25.00	27.49	37.70
16	5.81	6.91	7.96	9.31	23.54	26.30	28.85	39.25

である.上側棄却限界値 $\chi^2_{15}(0.025) = 27.49$,および下側棄却限界値 $\chi^2_{15}(0.975) = 6.26$ に対して,検定統計量 χ^2_0 の位置は,図 6.11 である.つまり,$\chi^2_0 < \chi^2_{15}(0.025)$ かつ $\chi^2_0 > \chi^2_{15}(0.975)$ であることから,帰無仮説 H_0 が受容される (有意でない).したがって,自動車販売店の販売金額に対する母分散がチェーン全体での分散 1036.84 と異なるとはいえなかった.

6.3 章末問題

> **問題 6.1**:医学研究において,新薬を 50 名に投与したところ 32 名に有効だった.この新薬が半数 (確率 0.5) より多くの患者に効果があるか否かを有意水準 0.05 のもとで検定しなさい.

> **問題 6.2**:いま,11 人の女性の 1 日あたりのエネルギー摂取量 (kJ) が下表のように与えられている.このとき,摂取基準 7725(kJ) からかけ離れているか否かを有意水準 0.05 のもとで評価しなさい.

5260	5470	5640	6180	6390	6515	6805	7515	7515	8230	8770

P. G. Altman, *Practical Statistics for Medical Research*, Chapmon and Hall / CRC, 1990.

問題 6.3: 新しい製造法で生産した 30 個の製品の重量の分散は 0.17 だった．これに対して，従来の製造法での分散は，0.39 だった．新しい製品の重量のばらつき (分散) は，これまでの製品よりも小さくなったと考えてよいか．有意水準 0.05 のもとで検定しなさい．

7 | 2標本における統計的推測

●本章の目標●

1. 2標本の統計的推測について理解できる.
2. 2標本における仮説検定ができる.

7.1 2標本における統計的推測の考え方

2つの母集団のそれぞれから無作為に抽出された標本に基づいてパラメータの差あるいは比を考える. このような問題を2標本問題という. 本章では, 離散型確率分布 (2項分布) に対して母比率の差, 連続型確率分布 (正規分布) に対して母平均の差, および母分散の比の統計的推測を解説する.

7.1.1 2つの母集団のパラメータに対する推測の問題

いま, 清涼飲料水メーカーが, 2種類の新商品候補の缶コーヒー (缶コーヒー A・缶コーヒー B) に対する官能試験を実施した. この試験では, 200名の被験者を無作為に100名ずつのグループに分け, それぞれの群に2種類の新商品候補のいずれかを飲んでもらい, 感想を調査した. その結果, 缶コーヒー A を飲んだ63人が「おいしい」と回答し, 缶コーヒー B を飲んだ82人が「おいしい」と回答した.

図 7.1 は, この研究結果をグラフィカルに表したものである. 缶コーヒー A を飲んだ群 (缶コーヒー A 試飲群) の母集団分布は, 2項分布 $B(n_1, p_1)$ であり, 缶コーヒー B を飲んだ群 (缶コーヒー B 試飲群) の母集団分布は, 2項分布 $B(n_2, p_2)$ である. すなわち, コーヒー A を試飲したときに「おいしい」と回答する母比率は p_1 であり, コーヒー B を試飲した場合に「おいしい」と回答する母比率は p_2 である. 2種類の缶コーヒーにおいて「おいしい」と回答する母比率の差 (おいしさの違い) は $\Delta = p_1 - p_2$ であり, その点推定値 $\hat{\Delta}$ は, それぞれの群での母比率の点推定値 $\hat{p}_1 = 0.63$, $\hat{p}_2 = 0.82$ より,

$$\hat{\Delta} = 0.63 - 0.82 = -0.19$$

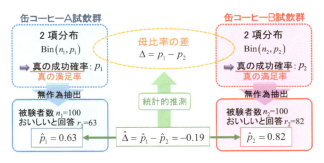

図 7.1 缶コーヒーの味覚実験の例示

である．

2 つの母集団のパラメータ θ_1, θ_2 に対する検定 (ここでは，母比率の差の検定) とは，2 つの母集団のパラメータの違い Δ に対する帰無仮説

$$H_0 : \Delta = 0 \qquad (\theta_1 = \theta_2)$$

に対して，3 種類の対立仮説

$$\begin{array}{lll} \text{両側対立仮説} & H_1 : \Delta \neq 0 & (\theta_1 \neq \theta_2) \\ \text{片側対立仮説 (1)} & H_1 : \Delta > 0 & (\theta_1 > \theta_2) \\ \text{片側対立仮説 (2)} & H_1 : \Delta < 0 & (\theta_1 < \theta_2) \end{array}$$

を検定することである．

また，区間推定においても 2 つの母集団のパラメータの違い Δ に対して構成される．

7.1.2 正規母集団における研究の形式：対応があるデータと対応がないデータ

正規母集団における母平均の差の推測 (推定および検定) では，対応がある場合と対応がない場合に分けられる．とくに，対応がない場合のことを**独立 2 標本**という．対応がある場合と対応がない場合の研究の違いを表 7.1 のダイエットの例に基づいて示す．

対応がある場合 (図 7.2(a)) とは，i 番目の被験者 ($i = 1, 2, \ldots, n$) に対して，ダイエット前の体重 x_i とダイエット後の体重 y_i の 2 個の観測値がとられているとする．このとき，体重変化量 $d_i = x_i - y_i$ は n 人の被験者全員に対して計

表 7.1 対応がある場合と独立 2 標本の場合の研究の例示

対応がある場合	独立 2 標本の場合
ダイエット前とダイエット後の体重を比較する.	ダイエットをした群としなかった群での体重減少量を比較する.
夏期講習前と夏期講習後でテストの成績を比較する.	夏期講習を受けた群と受けなかった群での夏期講習期間後に行ったテストの成績を比較する.
解熱剤を服用する前と服用した 1 時間後での体温を比較する.	解熱剤を服用した群と服用しなかった群での 1 時間後の体温の変化量を比較する.

算することができる．評価の対象を体重変化量 d_i とするとき，体重変化量 d_i が正規分布 $N(\mu_d, \sigma_d^2)$ に従うことを仮定する．そして，ダイエットに効果があるか否かは，体重変化量の母平均 μ_d が 0 であるか否かを検討することになる．

独立 2 標本の場合 (図 7.2(b)) では，ダイエット群と非ダイエット群を構成する被験者が異なる．ダイエット群での体重変化量 $x_i (i = 1, 2, \ldots, n_x)$ が正規分布 $N(\mu_x, \sigma_x^2)$ に従い，非ダイエット群での体重変化量 $y_i (i = 1, 2, \ldots, n_y)$ が正規分布 $N(\mu_y, \sigma_y^2)$ に従うと仮定する．統計的推測では，ダイエット群での体重変化量の母平均 μ_x と非ダイエット群の体重変化の母平均 μ_y の差 $\Delta = \mu_x - \mu_y$ が 0 であるか否かを検討することになる．

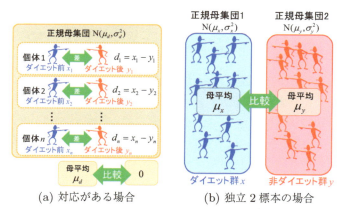

(a) 対応がある場合　　(b) 独立 2 標本の場合

図 7.2　ダイエットの例に基づく対応がある場合と独立 2 標本の場合の研究の図示

7.2 2標本における統計的推測の方法

本節では，2標本における仮説検定として，離散型確率分布 (2項分布) における母比率の差の検定，連続型確率分布 (正規分布) における母平均の差の検定および，等分散性の検定の方法を解説する．また，それぞれの仮説検定に対応する母比率の差，母平均の差，および母分散の比に対する区間推定の方法についても述べる．

7.2.1 母比率の差に対する統計的推測

(a) 母比率の差の検定

いま，成功回数 x_1 が2項分布 $\mathrm{B}(n_1, p_1)$，成功回数 x_2 が2項分布 $\mathrm{B}(n_2, p_2)$ に従うとするとき，母比率の差 $p_1 - p_2$ の検定における帰無仮説 H_0 は，

帰無仮説 $\mathrm{H}_0 : p_1 - p_2 = 0$ (母比率 p_1 と母比率 p_2 は等しい：$p_1 = p_2$)

である．このとき，3種類の対立仮説は，

両側対立仮説　　　$\mathrm{H}_1 : p_1 - p_2 \neq 0$，
　　　　　　　　　(母比率 p_1 と母比率 p_2 は等しくない：$p_1 \neq p_2$)
片側対立仮説 (1)　$\mathrm{H}_1 : p_1 - p_2 > 0$，
　　　　　　　　　(母比率 p_1 は母比率 p_2 よりも大きい：$p_1 > p_2$)
片側対立仮説 (2)　$\mathrm{H}_1 : p_1 - p_2 < 0$，
　　　　　　　　　(母比率 p_1 は母比率 p_2 よりも小さい：$p_1 < p_2$)

のいずれかである．

5.3.3項で述べたように，2項分布において，標本サイズ n_1, n_2 が十分に大きいとき，それぞれの標本比率 $\hat{p}_1, \hat{p}_2$ は，それぞれ近似的に正規分布 $\mathrm{N}(p_1, p_1(1-p_1)/n_1)$，$\mathrm{N}(p_2, p_2(1-p_2)/n_2)$ に従う．よって，標本比率の差 $\hat{p}_1 - \hat{p}_2$ は，正規分布

$$\hat{p}_1 - \hat{p}_2 \sim \mathrm{N}\left(p_1 - p_2, \frac{p_1(1-p_1)}{n_1} + \frac{p_2(1-p_2)}{n_2}\right) \tag{7.1}$$

に従う (4.3.1項の正規分布の再生性を参照)．

このことを利用して，母比率の差の検定の検定統計量 z_0 および帰無分布は，次のように構成される．

❖ 母比率の差の検定

いま，母比率 p_1 の 2 項分布 $\mathrm{Bin}(n_1, p_1)$(母集団 1) から無作為に抽出した n_1 個の観測値のうち成功回数が x_1 であり，母比率 p_2 の 2 項分布 $\mathrm{Bin}(n_2, p_2)$(母集団 2) から無作為に抽出した n_2 個の標本のうち成功回数が x_2 である．すなわち，母集団 1 での標本比率は $\hat{p}_1 = x_1/n_1$ であり，母集団 2 での標本比率は $\hat{p}_2 = x_2/n_2$ である．このとき，検定統計量 z_0 は，

$$z_0 = \frac{\hat{p}_1 - \hat{p}_2}{\sqrt{\bar{p}(1-\bar{p})\left(\frac{1}{n_1} + \frac{1}{n_2}\right)}} \tag{7.2}$$

で与えられる．さらに，連続性補正を行った場合は，

$$z_0 = \frac{\hat{p}_1 - \hat{p}_2 - \frac{1}{2}\left(\frac{1}{n_1} + \frac{1}{n_2}\right)}{\sqrt{\bar{p}(1-\bar{p})\left(\frac{1}{n_1} + \frac{1}{n_2}\right)}} \tag{7.3}$$

で与えられる．ここで，

$$\bar{p} = \frac{x_1 + x_2}{n_1 + n_2}$$

である．検定統計量 z_0 は，帰無仮説 H_0 のもとで近似的に**標準正規分布**に従う．

式 (7.2) の連続性の補正 (7.3) を用いる理由は，6.2.1 項の母比率の検定の場合と同様である．また，棄却限界値の利用 (標準正規分布の上側 $100 \cdot \alpha$(あるいは $100 \cdot \alpha/2$) パーセント点) も母比率の検定と同じである．したがって，各対立仮説 H_1 に対する解釈は

- **両側対立仮説**：検定統計量 z_0 の帰無分布は標準正規分布である．標準正規分布は，平均 0 に対して対称分布なので，検定統計量の絶対値 $|z_0|$ に対して，棄却限界値として標準正規分布の上側 $100 \cdot (\alpha/2)$ パーセント点 $z(\alpha/2)$ を用いる．すなわち，検定統計量の絶対値 $|z_0|$ と棄却限界値 $z(\alpha/2)$ を比較し，$|z_0| > z(\alpha/2)$ であれば有意である．そうでなければ有意でない．
- **片側対立仮説 (1)**：検定統計量 z_0 に対して，標準正規分布の上側 $100 \cdot \alpha$ パーセント点 $z(\alpha)$ を用いる．すなわち，検定統計量 z_0 と棄却限界値 $z(\alpha)$ を比較し，$z_0 > z(\alpha)$ であれば有意である．そうでなければ有意でない．

- **片側対立仮説 (2)**：検定統計量 z_0 に対して，標準正規分布の下側 $100 \cdot \alpha$ パーセント点 $z(1-\alpha)$ を用いる．$z(1-\alpha) = -z(\alpha)$ であることから，検定統計量 z_0 と棄却限界値 $-z(\alpha)$ を比較し，$z_0 < -z(\alpha)$ であれば有意である．そうでなければ有意でない．

で行う．

例 7.1：清涼飲料水メーカーが，2 種類の新商品候補の缶コーヒー (缶コーヒー A・缶コーヒー B) に対する官能試験を実施した．この試験では，200 名の被験者を無作為に 100 名ずつのグループに分け，それぞれの群に 2 種類の新商品候補のいずれかを飲んでもらい，感想を調査した．その結果，缶コーヒー A を飲んだ 63 人が「おいしい」と回答し，缶コーヒー B を飲んだ 82 人が「おいしい」と回答した．2 種類の新商品候補の缶コーヒーに違いがあるか否かを，有意水準 $\alpha = 0.05$ のもとで検定する．

帰無仮説 H_0 および対立仮説 H_1 を立てる．本事例では，缶コーヒー A を「おいしい」と感じる母比率 p_A と缶コーヒー B を「おいしい」と感じる母比率 p_B が異なるか否か検討することから，両側対立仮説になるので，

帰無仮説 H_0：缶コーヒー A を「おいしい」と感じる母比率 p_A と缶コーヒー B を「おいしい」と感じる母比率 p_B は同じである ($p_1 - p_2 = 0$)．

対立仮説 H_1：缶コーヒー A を「おいしい」と感じる母比率 p_A と缶コーヒー B を「おいしい」と感じる母比率 p_B は異なる ($p_1 - p_2 \neq 0$)．

である．

それぞれの標本比率 $\hat{p}_A, \hat{p}_B$ および全体での標本比率 $\bar{p}$ は，

$$\hat{p}_A = \frac{63}{100} = 0.63, \quad \hat{p}_B = \frac{82}{100} = 0.82, \quad \bar{p} = \frac{63 + 82}{100 + 100} = 0.725$$

である．このとき，検定統計量 z_0 (連続性補正) は，式 (7.3) を用いて

$$z_0 = \frac{0.63 - 0.82 - \frac{1}{2}\left(\frac{1}{100} + \frac{1}{100}\right)}{\sqrt{0.725(1 - 0.725)\left(\frac{1}{100} + \frac{1}{100}\right)}} = -3.167$$

である．棄却限界値 $z(0.025) = 1.96$ に対して，検定統計量 z_0 の位置は，図 7.3 のとおりである．つまり，$|z_0| > z(0.025)$ (今回の場合は z_0 が負値なので，$z_0 < -z(0.05/2)$) であることから，帰無仮説 H_0 が棄却され対立仮説 H_1 が支

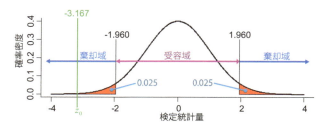

図 7.3 味覚実験データに対する母比率の差の検定の図示

持される (有意である). したがって, 缶コーヒー A を「おいしい」と感じる母比率と缶コーヒー B を「おいしい」と感じる母比率と異なることが示された.

(b) 母比率の差に対する区間推定

母比率の差 $p_1 - p_2$ が $100 \cdot (1-\alpha)$ パーセントの確率で含まれる区間は, 式 (7.1) を標準化することで

$$\Pr\left((\hat{p}_1 - \hat{p}_2) - z(\alpha/2)\sqrt{\frac{\hat{p}_1(1-\hat{p}_1)}{n_1} + \frac{\hat{p}_2(1-\hat{p}_2)}{n_2}} \right.$$
$$\left. < (p_1 - p_2) < (\hat{p}_1 - \hat{p}_2) + z(\alpha/2)\sqrt{\frac{\hat{p}_1(1-\hat{p}_1)}{n_1} + \frac{\hat{p}_2(1-\hat{p}_2)}{n_2}} \right) = 1 - \alpha$$

で定義される. ここで, $z(\alpha/2)$ は, 標準正規分布の上側 $100 \cdot (\alpha/2)$ パーセント点である. したがって, 母比率に対する $100 \cdot (1-\alpha)$%信頼区間は, 次のように構成される.

> **❖母比率の差に対する $100 \cdot (1-\alpha)$%信頼区間**
>
> いま, 母比率 p_1 の 2 項分布 $\mathrm{Bin}(n_1, p_1)$ (母集団 1) から無作為に抽出した n_1 個の観測値のうち成功回数が x_1 であり, 母比率 p_2 の 2 項分布 $\mathrm{Bin}(n_2, p_2)$ (母集団 2) から無作為に抽出した n_2 個の標本のうち成功回数が x_2 である. このとき, 母集団 1 での標本比率は $\hat{p}_1 = x_1/n_1$ であり, 母集団 2 での標本比率は $\hat{p}_2 = x_2/n_2$ である. このとき, 母比率の差に対する $100 \cdot (1-\alpha)$%信頼区間は,

$$\left[(\hat{p}_1 - \hat{p}_2) - z(\alpha/2)\sqrt{\frac{\hat{p}_1(1-\hat{p}_1)}{n_1} + \frac{\hat{p}_2(1-\hat{p}_2)}{n_2}}, \right.$$
$$\left. (\hat{p}_1 - \hat{p}_2) + z(\alpha/2)\sqrt{\frac{\hat{p}_1(1-\hat{p}_1)}{n_1} + \frac{\hat{p}_2(1-\hat{p}_2)}{n_2}} \right] \quad (7.4)$$

である.

例 7.2： 先ほどの缶コーヒーの官能試験データを用いて母比率の差の 95％信頼区間を求める．標準正規分布の上側 2.5 パーセント点は $z(0.025) = 1.96$ なので，母比率の差の 95％信頼区間は式 (7.4) より，

下側信頼限界： $(0.63 - 0.82) - 1.96\sqrt{\dfrac{0.63 \times (1-0.63)}{100} + \dfrac{0.82 \times (1-0.82)}{100}} = -0.311$

上側信頼限界： $(0.63 - 0.82) + 1.96\sqrt{\dfrac{0.63 \times (1-0.63)}{100} + \dfrac{0.82 \times (1-0.82)}{100}} = -0.069$

のように計算される．よって，缶コーヒーが「おいしい」とする母比率の差の 95％信頼区間は $[-0.311, -0.069]$ である．

7.2.2 対応がある場合の母平均に対する統計的推測

(a) 対応がある場合の母平均検定 (対応のある t 検定)

いま，標準サイズ n の対象の差 $d_i = y_i - x_i (i = 1, 2, \ldots, n)$ が正規分布 $N(\mu_d, \sigma_d^2)$ の観測値とする．母平均 μ_d に対して，帰無仮説 H_0 は，

帰無仮説 $H_0 : \mu_d = 0$ （対象の差の母平均 μ_d は 0 である）

である．このとき，3 種類の対立仮説 H_1 は，

両側対立仮説　　　$H_1 : \mu_d \neq 0$
　　　　　　　　　　　（対象の差の母平均 μ_d は 0 でない）

片側対立仮説 (1)　$H_1 : \mu_d > 0$,
　　　　　　　　　　　（対象の差の母平均 μ_d は 0 よりも大きい）

片側対立仮説 (2)　$H_1 : \mu_d < 0$,
　　　　　　　　　　　（対象の差の母平均 μ_d は 0 よりも小さい）

となる．この仮説検定は**対応のある t 検定**と呼ばれる．

このとき，対応のある t 検定の検定統計量 t_0 および帰無分布は，次のように構成される．

> ❖**対応のある t 検定**
>
> いま，対象の差 $d_i = y_i - x_i, i = 1, 2 \ldots, n$ が正規分布 $\mathrm{N}(\mu_d, \sigma_d^2)$ に従うと仮定する．このとき，検定統計量
>
> $$t_0 = \frac{\bar{d}}{\sqrt{s_d^2/n}} \tag{7.5}$$
>
> は，帰無仮説 H_0 のもとで，**自由度** $(n-1)$ **の t 分布** t_{n-1} に従う．ここで，
>
> $$\bar{d} = \frac{1}{n}\sum_{i=1}^{n} d_i, \quad s_d^2 = \frac{1}{n-1}(d_i - \bar{d})^2$$
>
> である．

対応のある t 検定は，対象の差 $d_i = x_i - y_i (i = 1, 2, \ldots, n)$ に対する仮説 $\mu_d = 0$ を評価する 1 標本 t 検定とみなすことができる．

したがって，各対立仮説 H_1 に対する解釈は，

- **両側対立仮説**：検定統計量 t_0 の帰無分布は自由度 $n-1$ の t 分布である．t 分布は，平均 0 に対して対称分布なので，検定統計量の絶対値 $|t_0|$ に対して，t 分布の上側 $100 \cdot (\alpha/2)$ パーセント点 $t_{n-1}(\alpha/2)$ を用いる．すなわち，検定統計量の絶対値 $|t_0|$ と棄却限界値 $t_{n-1}(\alpha/2)$ を比較し，$|t_0| > t_{n-1}(\alpha/2)$ であれば有意である．そうでなければ有意でない．
- **片側対立仮説 (1)**：検定統計量 t_0 に対して，棄却限界値は，自由度 $n-1$ の t 分布の上側 $100 \cdot \alpha$ パーセント点 $t_{n-1}(\alpha)$ である．すなわち，検定統計量 t_0 と棄却限界値 $t_{n-1}(\alpha)$ を比較し，$t_0 > t_{n-1}(\alpha)$ であれば有意である．そうでなければ有意でない．
- **片側対立仮説 (2)**：検定統計量 t_0 に対して，棄却限界値は自由度 $n-1$ の t 分布の下側 $100 \cdot \alpha$ パーセント点 $t_{n-1}(1-\alpha)$ である．$t_{n-1}(1-\alpha) = -t_{n-1}(\alpha)$ であることから，検定統計量 t_0 と棄却限界値 $-t_{n-1}(\alpha)$ を比較し，$t_0 < -t_{n-1}(\alpha)$ であれば有意である．そうでなければ有意でない．

で行う．

例 7.3： TV 番組でダイエット企画が行われ，12 名の被験者が参加した．その

結果を以下に示す．このダイエットを行うことで体重が減少すると考えてよいかを有意水準 0.05 で検定する．

番号	1	2	3	4	5	6	7	8	9
ダイエット前 (kg)	58.1	56.9	54.0	63.1	63.0	62.8	61.7	60.5	60.8
ダイエット後 (kg)	60.3	56.4	48.5	61.9	59.4	59.7	58.2	57.9	61.9
体重減少量	-2.2	0.5	5.5	1.2	3.6	3.1	3.5	2.6	-1.1

番号	10	11	12
ダイエット前 (kg)	67.6	64.6	58.8
ダイエット後 (kg)	63.6	60.9	54.6
体重減少量	4.0	3.7	4.2

帰無仮説 H_0 および対立仮説 H_1 を立てる．本事例では，ダイエット前 − ダイエット後の変化を検討する．このとき，ダイエットによって体重が減少するか否かを検討することから，片側対立仮説 (1) になるので，

　　帰無仮説 H_0：ダイエットによって体重の変化はない ($\mu_d = 0$)

　　対立仮説 H_1：ダイエットによって体重が減少する ($\mu_d > 0$)

である．

このとき，検定統計量 t_0 を式 (7.5) を用いて計算する．ダイエット前後での体重の変化の平均値 $\bar{d}$ と不偏分散 s_d^2 は，それぞれ $\bar{d} = 2.383$, $s_d^2 = 5.340$ であることから，検定統計量 t_0 は

$$t_0 = \frac{2.383}{\sqrt{5.340/12}} = 3.572$$

で与えられる．

検定統計量 t_0 は帰無仮説 H_0 のもとで自由度 $(12 - 1) = 11$ の t 分布に従うので，棄却限界値 $t_{11}(0.05)$ は，t 分布表より，

v	α						
	0.25	0.1	0.05	0.025	0.01	0.005	0.0005
10	0.700	1.372	1.812	2.228	2.764	3.169	4.587
11	0.697	1.363	1.796	2.201	2.718	3.106	4.437
12	0.695	1.356	1.782	2.179	2.681	3.055	4.318

である．棄却限界値 $t_{11}(0.05) = 1.796$ に対して，検定統計量 t_0 の位置は，図 7.4 のとおりである．つまり，$t_0 > t_{11}(0.05)$ であることから，帰無仮説 H_0 が棄却され対立仮説 H_1 が支持される (有意である)．したがって，ダイエットによって体重が減少することがわかった．

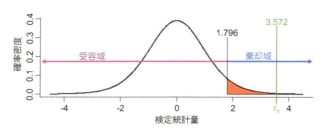

図 7.4 ダイエット・データに対する対応のある t 検定の図示

(b) 対応がある場合の母平均の区間推定

対応がある場合の母平均に対する $100 \cdot (1-\alpha)\%$ 信頼区間は，次のように定義される．

> **❖対応のある場合の母平均に対する $100 \cdot (1-\alpha)\%$信頼区間**
>
> いま，対象の差 $d_i = y_i - x_i$, $i = 1, 2, \ldots, n$ が正規分布 $N(\mu_d, \sigma_d^2)$ に従うと仮定するとき，対応がある場合の母平均 μ_d に対する $100 \cdot (1-\alpha)\%$ 信頼区間は
>
> $$\left[\bar{d} - t_{n-1}(\alpha/2)\sqrt{\frac{s_d^2}{n}}, \quad \bar{d} + t_{n-1}(\alpha/2)\sqrt{\frac{s_d^2}{n}} \right] \quad (7.6)$$
>
> で定義される．ここに，$t_{n-1}(\alpha/2)$ は，自由度 $n-1$ の t 分布における上側 $100 \cdot (\alpha/2)$ パーセント点である．

例 7.4：例 7.3 のダイエットのデータを用いて対応のある場合の母平均に対する 95%信頼区間を求める．自由度 11 の t 分布の上側 2.5 パーセント点は，t 分布表より，

v	α						
	0.25	0.1	0.05	0.025	0.01	0.005	0.0005
10	0.700	1.372	1.812	2.228	2.764	3.169	4.587
11	0.697	1.363	1.796	2.201	2.718	3.106	4.437
12	0.695	1.356	1.782	2.179	2.681	3.055	4.318

である．$t_{11}(0.025) = 2.201$ なので，対応のある場合の母平均に対する 95%信頼区間は式 (7.6) より，

$$\text{下側信頼限界}: 2.383 - 2.201\sqrt{\frac{5.340}{12}} = 0.915$$

$$\text{上側信頼限界}: 2.383 + 2.201\sqrt{\frac{5.340}{12}} = 3.851$$

のように計算される．よって，ダイエットによる体重減少の 95% 信頼区間は $[0.915, 3.851]$ である．

7.2.3 母分散が既知である場合の母平均の差の統計的推測

2 標本問題における母平均の差の検定には，1 標本での検定 (母平均の検定) の場合と同様に，母分散が既知の場合と未知の場合の大別される．また，母分散が未知の場合には，2 つの母分散が等しい場合と異なる場合で検定が異なる．

(a) 母分散が既知である場合の母平均の差の仮説検定

いま，標本サイズ n_x の観測値 $x_1, x_2, \ldots, x_{n_x}$ が母平均 μ_x，母分散 σ_x^2 の正規分布 $\mathrm{N}(\mu_x, \sigma_x^2)$ に従い，標本サイズ n_y の観測値 $y_1, y_2, \ldots, y_{n_y}$ が母平均 μ_y，母分散 σ_y^2 の正規分布 $\mathrm{N}(\mu_y, \sigma_y^2)$ に従うとする．

このとき，帰無仮説 H_0 は，

帰無仮説 $\mathrm{H}_0 : \mu_x - \mu_y = 0$ (母平均 μ_x と母平均 μ_y は等しい: $\mu_x = \mu_y$)

である．このとき，3 種類の対立仮説 H_1 は，

両側対立仮説　　$\mathrm{H}_1 : \mu_x - \mu_y \neq 0$，
　　　　　　　　(母平均 μ_x と母平均 μ_y は等しくない: $\mu_x \neq \mu_y$)
片側対立仮説 (1)　$\mathrm{H}_1 : \mu_x - \mu_y > 0$，
　　　　　　　　(母平均 μ_x は母平均 μ_y よりも大きい: $\mu_x > \mu_y$)
片側対立仮説 (2)　$\mathrm{H}_1 : \mu_x - \mu_y < 0$，
　　　　　　　　(母平均 μ_x は母平均 μ_y よりも小さい: $\mu_x < \mu_y$)

となる．

標本平均 $\bar{x}, \bar{y}$ は，それぞれ正規分布 $\mathrm{N}(\mu_x, \sigma_x^2/n_x)$，$\mathrm{N}(\mu_y, \sigma_y^2/n_y)$ に従うので，正規分布の再生性 (4.3.1 項参照) より，標本平均 $\bar{x} - \bar{y}$ の標本分布は正規分布 $\mathrm{N}(\bar{x} - \bar{y}, \sigma_x^2/n_x + \sigma_y^2/n_y)$ に従う．これを応用することで，母分散が既知である場合の検定統計量 z_0 および帰無分布は，次のように構成される．

❖ 母分散が既知である場合の母平均の差の検定

いま，正規母集団 $N(\mu_x, \sigma_x^2)$ (母集団 1) から無作為に抽出された観測値を $x_1, x_2, \ldots, x_{n_x}$，正規母集団 $N(\mu_y, \sigma_y^2)$ (母集団 2) から無作為に抽出された標本を $y_1, y_2, \ldots, y_{n_y}$ とする．このとき，検定統計量 z_0

$$z_0 = \frac{\bar{x} - \bar{y}}{\sqrt{\dfrac{\sigma_x^2}{n_x} + \dfrac{\sigma_y^2}{n_y}}} \tag{7.7}$$

は，帰無仮説 $H_0 : \mu_x - \mu_y = 0$ のもとで，**標準正規分布** $N(0, 1)$ に従う．ここに，$\bar{x}, \bar{y}$ は，それぞれ x と y の標本平均

$$\bar{x} = \frac{1}{n_x} \sum_{i=1}^{n_x} x_i, \quad \bar{y} = \frac{1}{n_y} \sum_{i=1}^{n_y} y_i$$

である．

検定統計量 z_0 が有意 (対立仮説を支持) できるか否かは，有意水準 α (あるいは $\alpha/2$) での標準正規分布の上側パーセント点と比較しなければならない．したがって，各対立仮説に対する解釈は，

- **両側対立仮説**：検定統計量の絶対値 $|z_0|$ と棄却限界値 $z(\alpha/2)$ (標準正規分布) を比較し，$|z_0| > z(\alpha/2)$ であれば有意である．そうでなければ有意でない．
- **片側対立仮説 (1)**：検定統計量 z_0 と棄却限界値 $z(\alpha)$ を比較し，$z_0 > z(\alpha)$ であれば有意である．そうでなければ有意でない．
- **片側対立仮説 (2)**：検定統計量 z_0 と棄却限界値 $-z(\alpha)$ を比較し，$z_0 < -z(\alpha)$ であれば有意である．そうでなければ有意でない．

である．

例 7.5：桃と生産地の関係を 2 箇所の生産地で調査した．生産地 A では 11 個の桃を調査したところ，糖度の平均値は 14.1 であり，また，生産地 B では 10 個の桃を調査したところ，糖度の平均値は 13.2 だった．生産地によって桃の糖度に違いがあるか否かを有意水準 $\alpha = 0.05$ のもとで検定する．なお，母分散は，いずれの生産地も $\sigma^2 = 2.3$ とする．

帰無仮説 H_0 および対立仮説 H_1 を立てる．本事例では，2 つの生産地 (生産

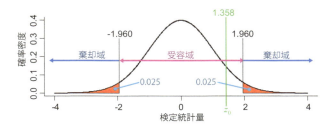

図 7.5 桃の生産地データに対する母分散が既知である場合の母平均の差の検定の図示

地 A，生産地 B) で糖度の平均に違いがあるか否かを検定することから，両側対立仮説になるので，

帰無仮説 H_0：生産地 A の桃の糖度の平均 μ_A と生産地 B の桃の糖度の平均 μ_B は同じである $(\mu_A - \mu_B = 0)$.

対立仮説 H_1：生産地 A の桃の糖度の平均 μ_A と生産地 B の桃の糖度の平均 μ_B は異なる $(\mu_A - \mu_B \neq 0)$.

である．

生産地 A での平均値 $\bar{x} = 14.1$，生産地 B での平均値 $\bar{y} = 13.2$ であり，母分散は，ともに $\sigma^2 = 2.3$ なので，母分散が既知である場合の母平均の差の検定の検定統計量 z_0 は，式 (7.7) を用いることで

$$z_0 = \frac{14.1 - 13.2}{\sqrt{\dfrac{2.3}{11} + \dfrac{2.3}{10}}} = 1.358$$

である．棄却限界値 $z(0.025) = 1.96$ に対して，検定統計量 z_0 の位置は，図 7.5 のとおりである．つまり，$|z_0| < z(0.025)$ であることから，帰無仮説 H_0 が受容される (有意でない)．したがって，2 箇所の生産地によって桃の糖度に違いがあるとはいえなかった．

(b) 母分散が既知である場合の母平均の差に対する区間推定

母分散が既知である場合の母平均の差に対する $100 \cdot (1-\alpha)\%$ 信頼区間は，次のように定義される．

> **❖ 母分散が既知である場合の母平均の差に対する $100 \cdot (1-\alpha)$%信頼区間**
>
> いま，正規母集団 $N(\mu_x, \sigma_x^2)$（母集団 1）から無作為に抽出された観測値を $x_1, x_2, \ldots, x_{n_x}$，正規母集団 $N(\mu_y, \sigma_y^2)$（母集団 2）から無作為に抽出された観測値を $y_1, y_2, \ldots, y_{n_y}$ とする．このとき，母分散が既知である場合の母平均の差に対する $100 \cdot (1-\alpha)$% 信頼区間は
>
> $$\left[(\bar{x} - \bar{y}) - z(\alpha/2)\sqrt{\frac{\sigma_x^2}{n_x} + \frac{\sigma_y^2}{n_y}}, \quad (\bar{x} - \bar{y}) + z(\alpha/2)\sqrt{\frac{\sigma_x^2}{n_x} + \frac{\sigma_y^2}{n_y}} \right] \tag{7.8}$$
>
> である．ここで，$z(\alpha/2)$ は，標準正規分布における上側 $100(\alpha/2)$ パーセント点である．

例 7.6 : 桃の生産地データを用いて，母分散が既知である場合の母平均の差に対する 95％信頼区間は，

$$\text{下側信頼限界}: (14.1 - 13.2) - 1.96\sqrt{\frac{2.3}{11} + \frac{2.3}{10}} = -0.399$$

$$\text{上側信頼限界}: (14.1 - 13.2) + 1.96\sqrt{\frac{2.3}{11} + \frac{2.3}{10}} = 2.199$$

のように計算される．よって，2つの生産地における桃の糖度の母平均に対する差の 95％信頼区間は $[-0.399, 2.199]$ である．

7.2.4　母分散が未知で等分散である場合の母平均の差の統計的推測
(a)　母分散が未知で等分散である場合の母平均の差の仮説検定

母分散が未知で等分散である場合，その検定手法は **2 標本 t 検定** と呼ばれる．いま，母集団 1 から無作為に抽出された標本サイズ n_x の観測値 $x_i (i=1,2,\ldots,n_x)$ が母平均 μ_x，母分散 σ^2 の正規分布 $N(\mu_x, \sigma^2)$ に従い，母集団 2 から無作為に抽出された標本サイズ n_y の観測値 $y_i (i=1,2,\ldots,n_y)$ が母平均 μ_y，母分散 σ^2 の正規分布 $N(\mu_y, \sigma^2)$ に従うとするとき（2つの正規母集団の母分散 σ^2 が同じであることに注意），2 標本 t 検定の帰無仮説 H_0 は，

帰無仮説 $H_0 : \mu_x - \mu_y = 0$ 　（母平均 μ_x と母平均 μ_y は等しい：$\mu_x = \mu_y$）

である．このとき，3 種類の対立仮説 H_1 は，

両側対立仮説 　　$H_1 : \mu_x - \mu_y \neq 0$,
　　　　　　　　(母平均 μ_x と母平均 μ_y は等しくない：$\mu_x \neq \mu_y$)
片側対立仮説 (1)　$H_1 : \mu_x - \mu_y > 0$,
　　　　　　　　(母平均 μ_x は母平均 μ_y よりも大きい：$\mu_x > \mu_y$)
片側対立仮説 (2)　$H_1 : \mu_x - \mu_y < 0$,
　　　　　　　　(母平均 μ_x は母平均 μ_y よりも小さい：$\mu_x < \mu_y$)

となる．
　このとき，2 標本 t 検定の検定統計量 t_0 および帰無分布は，次のように構成される．

> **❖ 2 標本 t 検定**
>
> 　いま，正規母集団 $N(\mu_x, \sigma^2)$(母集団 1) から無作為に抽出された観測値を $x_1, x_2, \ldots, x_{n_x}$，正規母集団 $N(\mu_y, \sigma^2)$(母集団 2) から無作為に抽出された観測値を $y_1, y_2, \ldots, y_{n_y}$ とする．このとき，検定統計量
>
> $$t_0 = \frac{\bar{x} - \bar{y}}{\sqrt{s_p^2 \left(\frac{1}{n_x} + \frac{1}{n_y} \right)}} \tag{7.9}$$
>
> は，帰無仮説 $H_0 : \mu_x - \mu_y = 0$ ($\mu_x = \mu_y$) のもとで，**自由度** $(n_x + n_y - 2)$ **の t 分布** $t_{n_x+n_y-2}$ に従う．ここで，$\bar{x}$, $\bar{y}$ は，それぞれ x と y の標本平均
>
> $$\bar{x} = \frac{1}{n_x} \sum_{i=1}^{n_x} x_i, \quad \bar{y} = \frac{1}{n_y} \sum_{i=1}^{n_y} y_i$$
>
> であり，s_p^2 は，併合分散
>
> $$s_p^2 = \frac{(n_x - 1)s_x^2 + (n_y - 1)s_y^2}{(n_x - 1) + (n_y - 1)}$$
>
> である．また，s_x^2, s_y^2 は，それぞれ x と y の不偏分散
>
> $$s_x^2 = \frac{1}{n_x - 1} \sum_{i=1}^{n_x} (x_i - \bar{x})^2, \quad s_y^2 = \frac{1}{n_y - 1} \sum_{i=1}^{n_y} (y_i - \bar{y})^2$$
>
> である．

　検定統計量 t_0 が有意 (対立仮説を支持) できるか否かは，有意水準 α(あるい

は $\alpha/2$) での自由度 $(n_x + n_y - 2)$ の t 分布の上側パーセント点 (t 分布表) と比較しなければならない．したがって，各対立仮説 H_1 に対する解釈は，

- **両側対立仮説**：検定統計量 t_0 の帰無分布は自由度 $(n_x + n_y - 2)$ の t 分布である．t 分布は，平均 0 に対して対称分布なので，検定統計量の絶対値 $|t_0|$ に対して，t 分布の上側 $100 \cdot (\alpha/2)$ パーセント点 $t_{n_x+n_y-2}(\alpha/2)$ を棄却限界値として用いる．すなわち，検定統計量の絶対値 $|t_0|$ と棄却限界値 $t_{n_x+n_y-2}(\alpha/2)$ を比較し，$|t_0| > t_{n_x+n_y-2}(\alpha/2)$ であれば有意である．そうでなければ有意でない．
- **片側対立仮説 (1)**：検定統計量 t_0 に対して，自由度 $(n_x + n_y - 2)$ の t 分布の上側 $100 \cdot \alpha$ パーセント点 $t_{n_x+n_y-2}(\alpha)$ を棄却限界値として用いる．検定統計量 t_0 と棄却限界値 $t_{n_x+n_y-2}(\alpha)$ を比較し，$t_0 > t_{n_x+n_y-2}(\alpha)$ であれば有意である．そうでなければ有意でない．
- **片側対立仮説 (2)**：検定統計量 t_0 に対して，自由度 $n_x + n_y - 2$ の t 分布の下側 $100 \cdot \alpha$ パーセント点 $t_{n_x+n_y-2}(1-\alpha)$ を棄却限界値として用いる．$t_{n_x+n_y-2}(1-\alpha) = -t_{n_x+n_y-2}(\alpha)$ であることから，検定統計量 t_0 と棄却限界値 $-t_{n_x+n_y-2}(\alpha)$ を比較し，$t_0 < -t_{n_x+n_y-2}(\alpha)$ であれば有意である．そうでなければ有意でない．

で行う．

例 7.7：いま，2 種類 (A,B) の睡眠薬の有効性を評価するために，20 名の被験者を 10 名ずつに分けて，いずれかの睡眠薬を服用してもらった．その結果，睡眠薬 A の平均睡眠増加量 $\bar{x}_A$ は $\bar{x}_A = 0.75$ 時間であり，不偏分散 s_A^2 は $s_A^2 = 3.20$ だった．これに対して，睡眠薬 B の平均睡眠増加量 $\bar{x}_B$ は $\bar{x}_B = 2.33$ 時間であり，不偏分散 s_B^2 は $s_B^2 = 4.01$ だった．睡眠薬 A と B には，睡眠増加量に違いがあるか否かを等分散性が仮定できるとしたもとで，有意水準 0.05 で検定する．

帰無仮説 H_0 および対立仮説 H_1 を立てる．本事例では，2 種類の睡眠薬 (A, B) で平均睡眠増加量に違いがあるか否かを検定することから，両側対立仮説なので，

帰無仮説 H_0：睡眠薬 A と睡眠薬 B での平均睡眠増加量に違いがない
$$(\mu_A - \mu_B = 0).$$

対立仮説 H_1：睡眠薬 A と睡眠薬 B での平均睡眠増加量に違いがある
$$(\mu_A - \mu_B \neq 0).$$

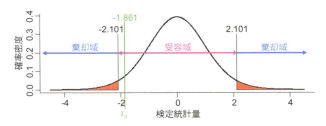

図 7.6　2 種類の睡眠薬データに対する 2 標本 t 検定の図示

となる．

次いで検定統計量 t_0 を計算する．併合分散 s_p^2 は

$$s_p^2 = \frac{(10-1) \times 3.20 + (10-1) \times 4.01}{(10-1)+(10-1)} = 3.605$$

であることから，検定統計量 t_0 は，式 (7.9) を用いて

$$t_0 = \frac{0.75 - 2.33}{\sqrt{3.605 \times \left(\frac{1}{10} + \frac{1}{10}\right)}} = -1.861$$

である．

検定統計量は帰無仮説 H_0 のもとで自由度 $\nu = (10 + 10 - 2) = 18$ の t 分布に従う．t 分布表より，棄却限界値 $t_{18}(0.025)$ は

ν	α						
	0.25	0.1	0.05	0.025	0.01	0.005	0.0005
17	0.689	1.333	1.740	2.110	2.567	2.898	3.965
18	0.688	1.330	1.734	2.101	2.552	2.878	3.922
19	0.688	1.328	1.729	2.093	2.539	2.861	3.883

である．棄却限界値 $t_{18}(0.025) = 2.101$ に対して，検定統計量 t_0 の位置は，図 7.6 のとおりである．つまり，$|t_0| < t_{18}(0.025)$ であることから，帰無仮説 H_0 が受容される (有意でない)．したがって，2 種類の睡眠薬の平均睡眠増加量に違いがあるとはいえなかった．

(b)　母分散が未知で等分散である場合の母平均の差の区間推定

母分散が未知で等分散である場合の母平均の差に対する $100 \cdot (1-\alpha)\%$ 信頼区間は，次のように定義される．

❖ **母分散が未知で等分散である場合の母平均の差に対する** $100 \cdot (1-\alpha)$%**信頼区間**

いま，正規母集団 $\mathrm{N}(\mu_x, \sigma^2)$ (母集団 1) から無作為に抽出された観測値を $x_1, x_2, \ldots, x_{n_x}$，正規母集団 $\mathrm{N}(\mu_y, \sigma^2)$ (母集団 2) から無作為に抽出された観測値を $y_1, y_2, \ldots, y_{n_y}$ とする．このとき，母分散が未知で等分散である場合の母平均の差に対する $100 \cdot (1-\alpha)$% 信頼区間は

$$\left[(\bar{x} - \bar{y}) - t_{n_x + n_y - 2}(\alpha/2) \sqrt{s_p^2 \left(\frac{1}{n_x} + \frac{1}{n_y} \right)}, \right.$$
$$\left. (\bar{x} - \bar{y}) + t_{n_x + n_y - 2}(\alpha/2) \sqrt{s_p^2 \left(\frac{1}{n_x} + \frac{1}{n_y} \right)} \right] \tag{7.10}$$

である．ここで，$t_{n_x + n_y - 2}(\alpha/2)$ は，自由度 $(n_x + n_y - 2)$ の t 分布における上側 $100 \cdot (\alpha/2)$ パーセント点である．

例 7.8： 例 7.7 の 2 種類の睡眠薬のデータを用いて，母分散が未知で等分散である場合の母平均の差に対する 95%信頼区間を求める．自由度 18 の t 分布の上側 2.5 パーセント点は，$t_{18}(0.025) = 2.101$ なので，母分散が未知で等分散である場合の母平均の差に対する 95%信頼区間は式 (7.10) より，

$$\text{下側信頼限界} : (0.75 - 2.33) - 2.101 \sqrt{3.605 \left(\frac{1}{10} + \frac{1}{10} \right)} = -3.364$$

$$\text{上側信頼限界} : (0.75 - 2.33) + 2.101 \sqrt{3.605 \left(\frac{1}{10} + \frac{1}{10} \right)} = 0.204$$

のように計算される．よって，睡眠薬による睡眠増加量の 95%信頼区間は $[-3.364, 0.204]$ である．

7.2.5 母分散が未知で不等分散である場合の母平均の差の統計的推測

(a) 母分散が未知で不等分散である場合の母平均の差の仮説検定

母分散が未知で不等分散である場合，その検定手法は**ウェルチ (Welch) 検定**と呼ばれる．いま，母集団 1 から無作為に抽出された標本サイズ n_x の観測値 $x_i (i = 1, 2, \ldots, n_x)$ が母平均 μ_x，母分散 σ_x^2 の正規分布 $\mathrm{N}(\mu_x, \sigma_x^2)$ に従い，母

集団 2 から無作為に抽出された標本サイズ n_y の観測値 $y_i (i = 1, 2, \ldots, n_y)$ が母平均 μ_y, 母分散 σ_y^2 の正規分布 $N(\mu_y, \sigma_y^2)$ に従うとするとき (ウェルチ検定では $\sigma_x^2 = \sigma_y^2$ とは限らない). ウェルチ検定の帰無仮説 H_0 は,

帰無仮説 $H_0 : \mu_x - \mu_y = 0$ (母平均 μ_x と母平均 μ_y は等しい : $\mu_x = \mu_y$)

である. このとき, 3 種類の対立仮説 H_1 は,

両側対立仮説　　　$H_1 : \mu_x - \mu_y \neq 0$,
　　　　　　　　　(母平均 μ_x と母平均 μ_y は等しくない : $\mu_x \neq \mu_y$)
片側対立仮説 (1)　$H_1 : \mu_x - \mu_y > 0$,
　　　　　　　　　(母平均 μ_x は母平均 μ_y よりも大きい : $\mu_x > \mu_y$)
片側対立仮説 (2)　$H_1 : \mu_x - \mu_y < 0$,
　　　　　　　　　(母平均 μ_x は母平均 μ_y よりも小さい : $\mu_x < \mu_y$)

となる.

このときウェルチ検定の検定統計量 t_0 および帰無分布は, 次のように構成される.

❖ ウェルチ (Welch) 検定

いま, 正規母集団 $N(\mu_x, \sigma_x^2)$ (母集団 1) から無作為に抽出された観測値を $x_1, x_2, \ldots, x_{n_x}$, 正規母集団 $N(\mu_y, \sigma_y^2)$ (母集団 2) から無作為に抽出された観測値を $y_1, y_2, \ldots, y_{n_y}$ とする. このとき, 検定統計量

$$t_0 = \frac{\bar{x} - \bar{y}}{\sqrt{\dfrac{s_x^2}{n_x} + \dfrac{s_y^2}{n_y}}} \tag{7.11}$$

は, 帰無仮説 $H_0 : \mu_x - \mu_y = 0$ のもとで, **自由度 f の t 分布** t_f に従う. ここで, $\bar{x}$, $\bar{y}$ は, それぞれ x と y の標本平均

$$\bar{x} = \frac{1}{n_x} \sum_{i=1}^{n_x} x_i, \quad \bar{y} = \frac{1}{n_y} \sum_{i=1}^{n_y} y_i$$

であり, s_x^2, s_y^2 は, それぞれ x と y の不偏分散

$$s_x^2 = \frac{1}{n_x - 1} \sum_{i=1}^{n_x} (x_i - \bar{x})^2, \quad s_y^2 = \frac{1}{n_y - 1} \sum_{i=1}^{n_y} (y_i - \bar{y})^2$$

である. また, 自由度 f は,

$$f = \frac{U^2}{\dfrac{V^2}{n_x - 1} + \dfrac{W^2}{n_y - 1}} \tag{7.12}$$

で与えられる．ただし，

$$V = \frac{s_x^2}{n_x}, \quad W = \frac{s_y^2}{n_y}, \quad U = V + W$$

である．

自由度 f は小数点以下の桁が 0 にならないことがある．他方，t 分布表では自然数についてのみしか調べることができない．対処法にはいくつか存在するが，最も単純なのは，f の小数点以下を四捨五入することである．これは，自由度 f が十分に大きいときには，小数点以下の自由度が棄却限界値に及ぼす影響は少ないためである．

もう 1 つの対処法は，線形補間を行うことである．この方法では，$\nu_1 < f < \nu_2$ となる 2 個の自由度 ν_1, ν_2 を探し，その上側 $100 \cdot \alpha$ パーセント点 $t_{\nu_1}(\alpha), t_{\nu_2}(\alpha)$ を t 分布表より求める．自由度 f の t 分布表の上側 $100 \cdot \alpha$ パーセント点は，

$$t_f(\alpha) = t_{\nu_2}(\alpha) + \left(\frac{1/f - 1/\nu_2}{1/\nu_1 - 1/\nu_2} \right) (t_{\nu_1}(\alpha) - t_{\nu_2}(\alpha))$$

により求められる．

検定統計量 t_0 が有意 (対立仮説を支持) であるか否かは，有意水準 α (あるいは $\alpha/2$) での自由度 f の t 分布の上側パーセント点 (t 分布表) と比較しなければならない．したがって，各対立仮説 H_1 に対する解釈は，

- **両側対立仮説**：検定統計量 t_0 の帰無分布は自由度 f の t 分布である．t 分布は，平均 0 に対して対称分布なので，検定統計量の絶対値 $|t_0|$ に対して，棄却限界値として自由度 f の t 分布の上側 $100 \cdot \alpha/2$ パーセント点 $t_f(\alpha/2)$ を用いる．すなわち，検定統計量の絶対値 $|t_0|$ と棄却限界値 $t_f(\alpha/2)$ を比較し，$|t_0| > t_f(\alpha/2)$ であれば有意である．そうでなければ有意でない．
- **片側対立仮説 (1)**：検定統計量 t_0 に対して，自由度 f の t 分布の上側 $100 \cdot \alpha$ パーセント点 $t_f(1-\alpha)$ を用いる．検定統計量 t_0 と棄却限界値 $t_f(\alpha)$ を比較し，$t_0 > t_f(\alpha)$ であれば有意である．そうでなければ有意でない．
- **片側対立仮説 (2)**：検定統計量 t_0 に対して，自由度 f の t 分布の下側 $100 \cdot \alpha$ パーセント点 $t_f(\alpha)$ を用いる．$t_f(1-\alpha) = -t_f(\alpha)$ であることから，検定

統計量 t_0 と棄却限界値 $-t_f(\alpha)$ を比較し，$t_0 < -t_f(\alpha)$ であれば有意である．そうでなければ有意でない．

で行う．

母分散が未知で等分散性が仮定できない場合の母平均の差を検定する問題は，**ベーレンス-フィッシャー (Behrens-Fisher) 問題**と呼ばれる．ウェルチ検定は，ベーレンス-フィッシャー問題の近似解の1つである．母分散が未知で等分散性が仮定できない場合に母平均の差を検定することに対しては，いくつかの批判がある．

2つの母集団を比較するとき，母平均の差に対する関心が，

(1) 平均値の差にあるのか，

(2) 母集団分布の違いにあるのか，

によって異なる．関心の対象が (2) である場合にはウェルチ検定を用いる必要の有無は，等分散か不等分散かによる．不等分散であることが示されれば (たとえば，等分散性の検定)，母集団分布の違いが示されるため，ウェルチ検定を用いる必要がない．また，(1) について，標本分散に明らかな違いが認められる結果でなければ 2 標本 t 検定で十分であることを指摘している統計学者も存在する．すなわち，問題は母平均の差をどのように比較するかということではなく，この差のどんな側面が研究の目的にとって重要であるかを見極める必要がある．

さらに，母分散が大きく異なる状況では，母集団分布が正規分布であるという仮定に疑義をもつことも十分に考えられ，正規分布に依らない方法 (ノンパラメトリック法) の利用を検討する必要がある．ノンパラメトリック法については，本書の範囲を逸脱するので，専門書を参考にされたい．

例 7.9： 次の表は，ある 2 種類の薬剤 (薬剤 A, 薬剤 B) をラットに投与したときの検査値を表している．薬剤によって検査値の平均値に違いがあるか否かを，等分散性が仮定できないとしたもとで，有意水準 0.05 のもとで検定する．

薬剤 A	35.4	37.8	45.0	45.3	30.1	32.3	40.5	29.7	32.5	31.3	36.3
薬剤 B	32.5	27.1	33.2	28.6	32.2	30.2	30.9	30.0			

検定を実施する前に，帰無仮説 H_0 および対立仮説 H_1 を立てる．本事例では，2 種類の薬剤 (薬剤 A, 薬剤 B) でラットの検査値の平均に違いがあるか否かを検定することから，両側対立仮説になるので，

帰無仮説 H_0：薬剤 A を投与したラットの検査値の母平均μ_Aと薬剤 B を投与したラットの検査値の平均μ_Bは同じである $(\mu_A - \mu_B = 0)$.

対立仮説 H_1：薬剤 A を投与したラットの検査値の母平均μ_Aと薬剤 B を投与したラットの検査値の平均μ_Bは異なる $(\mu_A - \mu_B \neq 0)$.

となる．

薬剤 A での平均値 $\bar{x} = 36.02$，不偏分散 $s_x^2 = 31.396$ であり，薬剤 B での平均値 $\bar{y} = 30.59$，不偏分散 $s_y^2 = 4.256$ である．不偏分散 s_x^2 と不偏分散 s_y^2 が大きく異なるので，ウェルチ検定を用いる．ウェルチ検定の検定統計量 t_0 は，式 (7.11) を用いることで

$$t_0 = \frac{36.02 - 30.59}{\sqrt{\frac{31.396}{11} + \frac{4.256}{8}}} = 2.951$$

のように計算される．

このとき，自由度 f は，

$$V = \frac{31.396}{11} = 2.854, \quad W = \frac{4.256}{8} = 0.532,$$
$$U = V + W = 2.854 + 0.532 = 3.386$$

より，

$$f = \frac{U^2}{\frac{V^2}{n_x - 1} + \frac{W^2}{n_y - 1}} = \frac{3.386^2}{\frac{2.854^2}{11 - 1} + \frac{0.532^2}{8 - 1}} = 13.410$$

である．ここでは，線形補間を用いて棄却限界値を求める．自由度 $\nu_1 = 13$，$\nu_2 = 14$ の上側 2.5 パーセント点は，t 分布表より，

ν	α						
	0.25	0.1	0.05	0.025	0.01	0.005	0.0005
12	0.695	1.356	1.782	2.179	2.681	3.055	4.318
13	0.694	1.350	1.771	2.160	2.650	3.012	4.221
14	0.692	1.345	1.761	2.145	2.624	2.977	4.140

である．$t_{13}(0.025) = 2.160$, $t_{14}(0.025) = 2.145$ より，自由度 $f = 13.410$ の t 分布の上側 2.5 パーセント点 (棄却限界値)$t_{13.410}(0.025)$ は，

$$t_{13.410}(0.025) = 2.145 + \left(\frac{1/13.410 - 1/14}{1/13 - 1/14}\right)(2.160 - 2.145) = 2.154$$

である (ちなみに，四捨五入した場合の棄却限界値は，$t_{13}(0.025) = 2.160$ なの

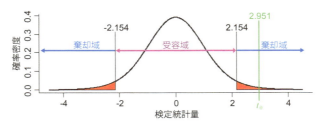

図 7.7 2 種類の薬剤によるラットの検査値データに対するウェルチ検定の図示

で, 0.006 の違いしかない).

棄却限界値 $t_{13.410}(0.025) = 2.154$ に対して, 検定統計量 t_0 の位置は, 図 7.7 のとおりである. つまり, $|t_0| > t_{13.410}(0.025)$ であることから, 帰無仮説 H_0 が棄却され, 対立仮説 H_1 が支持される (有意である). したがって, 2 種類の薬剤によってラットの検査値の平均に違いが認められた.

(b) 母分散が未知で不等分散である場合の母平均の差の区間推定

母分散が未知で不等分散である場合の母平均の差に対する $100 \cdot (1-\alpha)$% 信頼区間は, 次のように定義される.

> **❖母分散が未知で不等分散である場合の母平均の差に対する $100 \cdot (1-\alpha)$%信頼区間**
>
> いま, 正規母集団 $N(\mu_x, \sigma_x^2)$(母集団 1) から無作為に抽出された観測値を $x_1, x_2, \ldots, x_{n_x}$, 正規母集団 $N(\mu_y, \sigma_y^2)$(母集団 2) から無作為に抽出された観測値を $y_1, y_2, \ldots, y_{n_y}$ とする. このとき, 母分散が未知で不等分散である場合の母平均の差に対する $100 \cdot (1-\alpha)$% 信頼区間は
>
> $$\left[(\bar{x}-\bar{y}) - t_f(\alpha/2)\sqrt{\frac{s_x^2}{n_x} + \frac{s_y^2}{n_y}}, \quad (\bar{x}-\bar{y}) + t_f(\alpha/2)\sqrt{\frac{s_x^2}{n_x} + \frac{s_y^2}{n_y}} \right]$$
> (7.13)
>
> である. ここで, $t_f(\alpha/2)$ は, 自由度 f の t 分布における上側 $100 \cdot (\alpha/2)$ パーセント点である. 自由度 f は, ウェルチ検定と同様に求めることができる.

例 7.10 : 例 7.9 の 2 種類の薬剤によるラットの検査値データを用いて,母分散が未知で不等分散である場合の母平均の差に対する 95%信頼区間を求める.自由度 $f = 13.410$ の t 分布の上側 2.5 パーセント点は,線形補間を用いて $t_{13.410}(0.025) = 2.154$ なので,母分散が未知で不等分散である場合の母平均の差に対する 95%信頼区間は式 (7.13) より,

$$\text{下側信頼限界}:(36.02 - 30.59) - 2.154\sqrt{\frac{31.396}{11} + \frac{4.256}{8}} = 1.466$$

$$\text{上側信頼限界}:(36.02 - 30.59) + 2.154\sqrt{\frac{31.396}{11} + \frac{4.256}{8}} = 9.394$$

のように計算される.よって,2 種類の薬剤によるラットの検査値の差の 95%信頼区間は $[1.466, 9.394]$ である.

7.2.6 等分散性に対する統計的推測

(a) 等分散性の検定

母比率の差の検定あるいは母平均の差の検定では,パラメータの差に対して仮説が設定される.これに対して,等分散性の検定では,2 つの正規母集団の母分散の比に対して構成される.いま,母集団 1 から無作為に抽出された標本サイズ n_x の観測値 $x_i (i = 1, 2, \ldots, n_x)$ が母平均 μ_x,母分散 σ_x^2 の正規分布 $\mathrm{N}(\mu_x, \sigma_x^2)$ に従い,母集団 2 から無作為に抽出された標本サイズ n_y の観測値 $y_i (i = 1, 2, \ldots, n_y)$ が母平均 μ_y,母分散 σ_y^2 の正規分布 $\mathrm{N}(\mu_y, \sigma_y^2)$ に従うとする.このとき,等分散性の検定の帰無仮説 H_0 は,

帰無仮説 $\mathrm{H}_0 : \sigma_y^2/\sigma_x^2 = 1$ (母分散 σ_x^2 と母分散 σ_y^2 は等しい:$\sigma_x^2 = \sigma_y^2$)

である.このとき,3 種類の対立仮説 H_1 は,

両側対立仮説 $\quad \mathrm{H}_1 : \sigma_x^2/\sigma_y^2 \neq 1$,
(母分散 σ_x^2 と母分散 σ_y^2 は等しくない:$\sigma_x^2 \neq \sigma_y^2$)

片側対立仮説 (1) $\quad \mathrm{H}_1 : \sigma_x^2/\sigma_y^2 > 1$,
(母分散 σ_x^2 は母分散 σ_y^2 よりも大きい:$\sigma_x^2 > \sigma_y^2$)

片側対立仮説 (2) $\quad \mathrm{H}_1 : \sigma_x^2/\sigma_y^2 < 1$,
(母分散 σ_x^2 は母分散 σ_y^2 よりも小さい:$\sigma_x^2 < \sigma_y^2$)

で与えられる.

このとき,等分散性の検定の検定統計量 F_0 および帰無分布は,次のように

構成される．

> **❖ 等分散性の検定**
>
> いま，正規母集団 $N(\mu_x, \sigma_x^2)$(母集団 1) から無作為に抽出された観測値を $x_1, x_2, \ldots, x_{n_x}$，正規母集団 $N(\mu_y, \sigma_y^2)$(母集団 2) から無作為に抽出された観測値を $y_1, y_2, \ldots, y_{n_y}$ とする．このとき，検定統計量
>
> $$F_0 = \frac{s_y^2}{s_x^2} \tag{7.14}$$
>
> は，帰無仮説 $H_0 : \sigma_y^2/\sigma_x^2 = 1$ のもとで，**自由度** $(n_x - 1, n_y - 1)$ **の F 分布** F_{n_x-1, n_y-1} に従う．ここで，s_x^2, s_y^2 は，それぞれ x と y の不偏分散
>
> $$s_x^2 = \frac{1}{n_x - 1}\sum_{i=1}^{m}(x_i - \bar{x})^2, \quad s_y^2 = \frac{1}{n_y - 1}\sum_{i=1}^{n}(y_i - \bar{y})^2$$
>
> であり，$\bar{x}, \bar{y}$ は，それぞれ x と y の標本平均
>
> $$\bar{x} = \frac{1}{n_x}\sum_{i=1}^{n_x}x_i, \quad \bar{y} = \frac{1}{n_y}\sum_{i=1}^{n_y}y_i$$
>
> である．

検定統計量 F_0 が有意 (対立仮説を支持) できるか否かは，有意水準 α(あるいは $\alpha/2$) での自由度 $(n_x - 1, n_y - 1)$ の F 分布の上側パーセント点 (F 分布表) と比較しなければならない．

F 分布の確率密度関数 $f(x)$ は，

$$f(x) = \frac{1}{B(\nu_1/2, \nu_2/2)}\left(\frac{\nu_1 x}{\nu_1 x + \nu_2}\right)^{\nu_2/2}\left(1 - \frac{\nu_1 x}{\nu_1 x + \nu_2}\right)^{\nu_2/2-1} \tag{7.15}$$

である．ここで $B(a,b)$ はベータ関数 (5.3.4 項参照) である．

F 分布の確率密度関数 $f(x)$ でもわかるように，手計算で上側 $100 \cdot \alpha$ パーセント点 (あるいは $100 \cdot (\alpha/2)$ パーセント点) を求めるのは困難である．したがって，F 分布表が用いられる．

図 7.8 は，F 分布表の一部を表している．F 分布表は，2 個の自由度 (ν_1, ν_2) で構成され，上側確率 α ごとに表が構成される．図 7.9 は，F 分布の分布形状を現している．F 分布は，カイ 2 乗分布と同様に非対称分布である．両側対立仮

図 7.8 F 分布表の意味

説および片側対立仮説 (2) の場合には，有意水準 $\alpha = 0.05$ のとき，上側 95 パーセント点あるいは 97.5 パーセント点を求める必要があるものの，F 分布表には存在しない．$F_{n_y-1, n_x-1}(\alpha)$ を F 分布表で探し，その逆数 $1/F_{n_y-1, n_x-1}(\alpha)$ を計算すると $F_{n_x-1, n_y-1}(1-\alpha)$ に一致する．

各対立仮説 H_1 に対する解釈は，

- **両側対立仮説**：検定統計量 F_0 の帰無分布は自由度 $(n_x - 1, n_y - 1)$ の F 分布である．棄却限界値は，上側棄却限界値として，自由度 $(n_x - 1, n_y - 1)$ の F 分布の上側 $100 \cdot (\alpha/2)$ パーセント点 $F_{n_x-1, n_y-1}(\alpha/2)$ および下側棄却限界値として，自由度 $(n_x - 1, n_y - 1)$ の F 分布の下側 $100 \cdot (\alpha/2)$ パーセント点 $F_{n_x-1, n_y-1}(1-\alpha/2) = 1/F_{n_x-1, n_y-1}(\alpha/2)$ である．すなわち，検定統計量 F_0 と上側棄却限界値 $F_{n_x-1, n_y-1}(\alpha/2)$ および，下側棄却限界値 $F_{n_x-1, n_y-1}(1-\alpha/2)$ を比較する．そして，$F_0 > F_{n_x-1, n_y-1}(\alpha/2)$ あるいは $F_0 < F_{n_x-1, n_y-1}(1-\alpha/2)$ であれば有意である．そうでなければ有意でない．

- **片側対立仮説 (1)**：検定統計量 F_0 と棄却限界値 $F_{n_x-1, n_y-1}(\alpha)$（自由度 $(n_x - 1, n_y - 1)$ の F 分布の上側 $100 \cdot \alpha$ パーセント点) を比較し，$F_0 > F_{n_y-1, n_x-1}(\alpha)$ であれば有意である．そうでなければ有意でない．

- **片側対立仮説 (2)**：検定統計量 F_0 と棄却限界値 $F_{n_x-1, n_y-1}(1-\alpha) = 1/F_{n_y-1, n_x-1}(\alpha)$（自由度 $(n_x - 1, n_y - 1)$ の F 分布の下側 $100 \cdot \alpha$ パーセント点) を比較し，$F_0 < F_{n_x-1, n_y-1}(1-\alpha)$ であれば有意である．そうでなければ有意でない．

例 7.11：例 7.9 の 2 種類の薬剤によるラットの検査値データに基づいて等分散性の検定 (両側対立仮説) の計算例を述べる (有意水準 $\alpha = 0.05$ とする)．検定

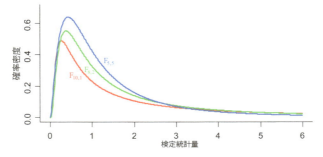

図 7.9 F 分布の確率密度関数

を実施する前に，帰無仮説 H_0 および対立仮説 H_1 を立てる．両側対立仮説は，

帰無仮説 H_0：薬剤 A を投与したラットの検査値の母分散 σ_x^2 と薬剤 B を投与したラットの検査値の母分散 σ_y^2 は同じである $(\sigma_x^2/\sigma_y^2 = 1)$.

対立仮説 H_1：薬剤 A を投与したラットの検査値の母分散 σ_x^2 と薬剤 B を投与したラットの検査値の母分散 σ_y^2 は異なる $(\sigma_x^2/\sigma_y^2 \neq 1)$.

薬剤 A での不偏分散 $s_x^2 = 31.396$ であり，薬剤 B での不偏分散 $s_y^2 = 4.256$ なので，等分散性の検定の検定統計量 F_0 は，式 (7.14) を用いることで

$$F_0 = \frac{31.396}{4.256} = 7.377$$

のように計算される．

検定統計量 F_0 は帰無仮説 H_0 のもとで自由度 $(11-1, 8-1) = (10, 7)$ の F 分布に従うので，F 分布表より

v2	v1					v2	v1				
	6	7	8	9	10		6	7	8	9	10
6	5.820	5.695	5.600	5.523	5.461	6	5.820	5.695	5.600	5.523	5.461
7	5.119	4.995	4.899	4.823	4.761	7	5.119	4.995	4.899	4.823	4.761
8	4.652	4.529	4.433	4.357	4.295	8	4.652	4.529	4.433	4.357	4.295
9	4.320	4.197	4.102	4.026	3.964	9	4.320	4.197	4.102	4.026	3.964
10	4.072	3.950	3.855	3.779	3.717	10	4.072	3.950	3.855	3.779	3.717

なので，上側棄却限界値 $F_{10,7}(0.025) = 4.761$(F 分布表の左側)，および下側棄却限界値 $F_{10,7}(0.975) = 1/F_{7,10}(0.025) = 1/3.950 = 0.253$(F 分布表の右側)である．棄却限界値 $(0.253, 4.716)$ に対して，検定統計量 F_0 の位置は，図 7.10 のとおりである．つまり，$F_0 > F_{10,7}(0.025)$ であることから，帰無仮説 H_0 が

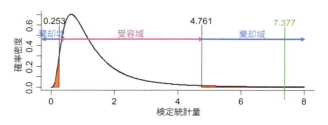

図 7.10 2 種類の睡眠薬データに対する等分散性の検定の図示

棄却され，対立仮説 H_1 が支持された (有意だった)．したがって，2 種類の薬剤によってラットの検査値に違いが認められた．

なお，等分散性の検定を用いて，有意だった場合にウェルチ検定，有意でなかった場合に 2 標本 t 検定を用いるような取捨選択を行うことが考えられる．ただし，等分散性の検定で有意でないことは，等分散であることを示しているわけではなく，不等分散である根拠が得られなかったに過ぎない．したがって，等分散性の検定を母平均の差の検定の取捨選択に用いるのは適切とはいえない．手法の取捨選択は，ボックス・プロットなどのグラフ，あるいは不偏分散の違いを精査して実施することが推奨される．

(b) 母分散の比に対する区間推定

同様に，母分散の比に対する $100\cdot(1-\alpha)\%$ 信頼区間は，次のように定義される．

> **❖母分散の比に対する $100\cdot(1-\alpha)\%$ 信頼区間**
>
> いま，正規母集団 $N(\mu_x, \sigma_x^2)$ (母集団 1) から無作為に抽出された観測値を $x_1, x_2, \ldots, x_{n_x}$，正規母集団 $N(\mu_y, \sigma_y^2)$ (母集団 2) から無作為に抽出された観測値を $y_1, y_2, \ldots, y_{n_y}$ とする．このとき，母分散の比に対する $100\cdot(1-\alpha)\%$ 信頼区間は
>
> $$\left[F_{n_y-1, n_x-1}(1-\alpha/2) \frac{s_x^2}{s_y^2}, \quad F_{n_y-1, n_x-1}(\alpha/2) \frac{s_x^2}{s_y^2} \right] \quad (7.16)$$
>
> ここで，$F_{n_y-1, n_x-1}(\alpha/2)$ は，自由度 (n_y-1, n_x-1) の F 分布の上側 $100\cdot(\alpha/2)$ パーセント点である．F 分布の上側パーセント点の自由度が等分散性の検定と逆であることに注意されたい．

例 7.12： 例 7.9 の 2 種類の薬剤によるラットの検査値データを用いて，母分散の比に対する 95%信頼区間を求める．薬剤 A での不偏分散 $s_x^2 = 31.396$ であり，薬剤 B での不偏分散 $s_y^2 = 4.256$ である．また，F 分布の上側パーセント点は，$F_{7,10}(0.025) = 3.950$, $F_{7,10}(0.975) = 1/F_{10,7}(0.025) = 0.210$ である．これらを用いて，母分散の比に対する 95%信頼区間は式 (7.16) より，

$$下側信頼限界：0.210 \times \frac{31.396}{4.256} = 1.549$$
$$上側信頼限界：3.950 \times \frac{31.396}{4.256} = 29.137$$

のように計算される．よって，2 種類の薬剤によるラットの検査値の母分散の比に対する 95%信頼区間は [1.549, 29.139] である．

7.3 章末問題

問題 7.1： 2 箇所の農産物直売所において，満足度を調査した結果，直売所 A では，65 人中 32 人が満足と解答し，直売所 B では，76 人中 30 人が満足と解答した．2 箇所の産直所で，満足度に違いがあるだろうか．有意水準 0.05 のもとで検定しなさい．また，母比率の差に対する 95%信頼区間を計算しなさい．

問題 7.2： いま，あるコンビニエンスストアのチェーン店で弁当，惣菜がリニューアルされた．下表は，店コード A〜G のコンビニエンスストアのリニューアル前とリニューアル後の売上高 (円) の変化を表している．

店コード	A	B	C	D	E	F	G
変更前	156	201	247	203	238	254	276
変更後	287	240	303	251	228	252	241

リニューアル後に売上高が増加したといえるだろうか．有意水準 0.05 のもとで検定しなさい．また，対応のある場合の母平均に対する 95%信頼区間を求めなさい．

問題 7.3： リーマンショック直後の 2009 年とその 10 年前の 1999 年における大学生の経済状況が調査された．次の表は，東京都内に 1 人暮らしの大学生に対する両親の仕送りを調査した結果である (単位：万円)．

2006 年	99.9	130.1	85.7	83.0	78.4	81.7	82.1	97.0
1996 年	116.7	142.5	128.7	114.5	144.5	71.6	76.2	121.2	122.1

リーマンショック直後の 2009 年の大学生の仕送りは，10 年前の 1999 年の大学生の仕送りに比べて減少したといえるか．

(1) 母分散が等しいと仮定したもとで，有意水準 $\alpha = 0.05$ のもとで検定しなさい．

(2) 母分散が未知で等分散である場合の母平均の差に対する 95% 信頼区間を求めなさい．

(3) 2009 年と 1999 年の大学生の仕送りの散らばり (母分散) が異なるか否かを有意水準 $\alpha = 0.05$ のもとで検定しなさい．

8 クロス集計表に基づく統計的推測

◉**本章の目標**◉

1. クロス集計表とその解釈について理解できる．
2. オッズ比，連関関係について理解できる．
3. カイ 2 乗検定を適切に行うことができる．

母比率の差の検定 (7.2.2 項) は，新商品と既存品のヨーグルトの満足割合 (満足と回答した回答者数/全回答者数) の比較，あるいは新薬と既存薬の有効割合 (有効患者数/全患者数) の比較といった「比較」が目標で用いられる．一方で，ヨーグルトの満足度が 5 件法 (非常に満足，やや満足，どちらともいえない，やや不満，不満) で調査された場合，あるいは薬剤の有効性が 3 段階 (著効，有効，無効) で測定された場合には，母比率の差の検定を用いることはできない．本章では，2 個以上のカテゴリで収集された複数の質的データの関連性 (ヨーグルトの種類と満足度の関連性，あるいは薬剤と有効度の関連性) を要約する方法として，クロス集計表を説明する．また，クロス集計表に基づく統計的推測の方法として，カイ 2 乗検定をとりあげる．さらに，因果関係を評価する指標として，オッズ比について解説する．

8.1 クロス集計表

本節では，クロス集計表とその解釈について説明する．

8.1.1 クロス集計表と相対度数のとり方

ある清涼飲料水メーカーでは，新しい緑茶を発売予定である．新商品の緑茶のおいしさを評価するために，既存の製品と比較する調査を実施した．この調査では，832 人の回答者のなかから無作為に選ばれた 416 人に新商品を試飲してもらい，残りの 416 人に既存品を試飲してもらった．なお，回答者には緑茶の種類 (新商品，既存品) はマスキング (どちらの商品を飲んだかわからないように) したうえで，味に満足，不満足のいずれかで回答してもらった．このと

表 8.1 緑茶の満足度アンケートの度数分布表

(a) 新商品

	度数	相対度数
満　足	291	0.700
不満足	125	0.300
合　計	416	1.000

(b) 既存品

	度数	相対度数
満　足	270	0.649
不満足	146	0.351
合　計	416	1.000

表 8.2 緑茶の満足度アンケートのクロス集計表

	満足	不満足	合　計
新商品	291	125	416
既存品	270	146	416
合　計	561	271	832

きの結果を表す度数分布表が表 8.1 である．その結果，新商品を試飲したなかで 0.700 の割合の回答者が味に満足していると回答しており，既存品を飲んだなかで 0.649 の割合の回答者が味に満足していると回答した．

度数分布表では，1 個の質的変数の状況を把握することができる．表 8.1 では，2 種類の緑茶のそれぞれに対して度数分布表を構成しているが，3 種類，4 種類，… と緑茶の種類が増加するたびに度数分布表の数も 3 個，4 個，… と増加する．これでは，結果の解釈が煩雑になる．

この事例の変数を考えると，それぞれの回答者について，試飲した緑茶の種類 (新商品，既存品) と満足度 (満足，不満足) の 2 変数がある．すなわち，このようなデータを分析するには，緑茶の種類と満足度の 2 変数の関係を評価することが考えられる．このような場合に用いられるのが，**クロス集計表 (分割表)** である．

表 8.2 は，緑茶の種類と満足度に対するクロス集計表である．クロス集計表において縦方向は**列**と呼ばれ，横方向は**行**と呼ばれる．そして，列方向に合計した値を**列周辺度数**，行方向に合計した値を**行周辺度数**という．さらに，全体の合計を**全体度数 (総度数)** という．

なお，表 8.2 のなかの 291 (左上) のセルは，「新商品を試飲し，かつ満足している回答者は 291 人である」と解釈される．ちなみに，クロス集計表は **(列の数)×(行の数) クロス集計表**と呼ばれる．したがって，今回の事例の場合は，2×2 クロス集計表である．

表 8.3　緑茶の満足度アンケートのクロス集計表における 3 種類の相対度数

(a) 行相対度数

	満足	不満足	合計
新商品	0.700	0.300	1.000
既存品	0.649	0.351	1.000
合計	0.674	0.326	1.000

(b) 列相対度数

	満足	不満足	合計
新商品	0.519	0.461	0.500
既存品	0.481	0.539	0.500
合計	1.000	1.000	1.000

(c) 総相対度数

	満足	不満足	合計
新商品	0.350	0.150	0.500
既存品	0.325	0.175	0.500
合計	0.674	0.326	1.000

クロス集計表を解釈するうえで重要なのは，相対度数のとり方とその解釈である．相対度数には，分母の種類によって行相対度数，列相対度数，総相対度数がある．

行相対度数 (行パーセント) とは，行周辺度数を分母としたときの割合であり，

$$\text{行相対度数} = \frac{\text{度数}}{\text{行周辺度数}}$$

で定義される．

表 8.3(a) は，緑茶のアンケートデータに対する，行相対度数を表している．たとえば，左上のセル (新商品を試飲して満足と回答した人数 291 名) の行相対度数は，

$$(\text{新商品を飲んだ回答者のうち満足している割合}) = \frac{291}{416} = 0.700$$

である．

列相対度数 (列パーセント) とは，列周辺度数を分母としたときの割合であり，

$$\text{列相対度数} = \frac{\text{度数}}{\text{列周辺度数}}$$

で定義される．

表 8.3(b) は，緑茶のアンケートデータに対する，列相対度数を表している．たとえば，左上のセル (新商品を試飲して満足と回答した人数 291 名) の列相対度数は，

$$(\text{満足した回答者のうち新商品を試飲した割合}) = \frac{291}{561} = 0.519$$

である．

総相対度数 (総パーセント) とは，全体度数を分母としたときの割合であり，

$$\text{総相対度数} = \frac{\text{度数}}{\text{全体度数}}$$

で定義される.

表 8.3(c) は，緑茶のアンケートデータに対する，総相対度数を表している. たとえば，左上のセル (新商品を試飲して満足と回答した人数 291 名) の総相対度数は，

$$(\text{満足した回答者}\underline{\text{でかつ}}\text{新商品を試飲した割合}) = \frac{291}{832} = 0.350$$

である.

この調査では，緑茶の種類という原因があり，それらの商品に対する満足度という結果がある．このような場合を**因果関係**があるという．因果関係があるクロス集計表において，原因側の変数 (緑茶の種類) を**説明変数 (独立変数)**，結果側の変数を**応答変数 (従属変数)** という.

一方で，自動車の嗜好 (好き，好きではない) と自動車の所有 (もっている，もっていない) を調査し，クロス集計表で評価する状況を考える．この場合には，「自動車が好きだから自動車を所有している」，「自動車を所有したから自動車が好きになった」という 2 つの状況が考えられ，因果関係が成立しない．このような場合のクロス集計表の評価は，**連関性 (独立性)** の評価と呼ばれ，因果関係ではなく，2 変数の関連性，すなわち**連関関係 (相関関係)** が評価される．ただし，8.2 節に述べるカイ 2 乗検定は，因果関係，連関関係のいずれにも用いることができる.

8.1.2 多重クロス集計表と第 3 の変数

ここでは，多重クロス集計表と第 3 の変数について説明する.

(a) 多重クロス集計表の構成

表 8.4 は，性別と自動車の所有，自動車の嗜好と自動車の所有に関する 2 個のクロス集計表である．カッコ内は各セルの行相対度数である．男性の自動車所有割合は 0.598 であり，女性の自動車所有割合は 0.359 であることから，男性のほうが女性よりも自動車所有割合が高いことがわかる (表 8.4(a))．一方，自動車が好きな回答者の自動車所有割合は 0.601 であり，自動車が好きでない回答者の自動車所有割合は 0.293 であることから，自動車が好きな回答者のほうが自動車が好きでない回答者よりも自動車保有割合が高い (表 8.4(b))．この

表 8.4 　自動車の嗜好に関するクロス集計表 (カッコ内は行相対度数)

(a) 性別と自動車の所有

	所　有	非所有	合　計
男　性	311 (0.598)	209 (0.402)	520
女　性	120 (0.359)	214 (0.641)	334
合　計	431 (0.505)	423 (0.495)	854

(b) 自動車の嗜好と自動車の所有

	所　有	非所有	合　計
自動車好き	353 (0.601)	234 (0.399)	587
自動車好きでない	78 (0.292)	189 (0.708)	267
合　計	431 (0.505)	423 (0.495)	854

表 8.5 　自動車の嗜好に関する多重クロス集計表 (カッコ内は行相対度数)

性　別	自動車の嗜好	自動車の所有		合　計
		所　有	非所有	
男　性	自動車好き	283 (0.667)	141 (0.333)	424
	自動車好きでない	28 (0.292)	68 (0.708)	96
	合　計	311 (0.598)	209 (0.402)	520
女　性	自動車好き	70 (0.429)	93 (0.571)	163
	自動車好きでない	50 (0.292)	121 (0.708)	171
	合　計	120 (0.359)	214 (0.641)	334

2つのクロス集計表の結果から，男女で自動車の所有と自動車の嗜好の関係に違いがあるかもしれないと考えられる．そのため，男女別に自動車の所有と自動車の嗜好に関するクロス集計表を作成する．このように，観測値を任意の変数のカテゴリ別に分けて，それぞれに対してクロス集計表を構成したものを**多重クロス集計表**という．

表 8.5 は，性別ごとで構成された多重クロス集計表である．このとき，性別は**層**と呼ばれ，観測値を層 (性別) ごとに分けることを**層化**という．その結果，男性で自動車好きな回答者のうち，自動車を保有している割合は 0.667 だった．一方で，女性で自動車好きな回答者のうち，自動車を保有している割合は 0.429 だった．したがって，自動車好きのなかで，自動車を保有している回答者の男女差は 0.238 だった．

男性において，(自動車好きの回答者のなかで自動車を保有している割合)−(自動車好きでない回答者のなかで自動車を保有している割合) は 0.376 であり，女性において，(自動車好きの回答者のなかで自動車を保有している割合)−(自動車好きでない回答者のなかで自動車を保有している割合) は 0.317 であった．したがって，男性のほうが女性に比べて，自動車好きが自動車を保有する割合が高いことがわかった．

(b) シンプソン (Simpson) のパラドックス

結婚調査会社 A は，20 代と 30 代の独身者を対象にして結婚希望についてアンケート調査を実施した．表 8.6(a) は，性別と結婚希望の有無の関係を表すクロス集計表である．男性の 0.517 の割合の回答者が結婚したいと回答しており，

表 8.6 結婚願望に対するアンケート調査によるシンプソンのパラドックスの例示 (カッコ内は行相対度数)

(a) クロス集計表

性別	結婚希望 したい	結婚希望 したくない	合計
男性	124 (0.517)	116 (0.483)	240
女性	205 (0.456)	245 (0.544)	450
合計	329 (0.477)	361 (0.523)	690

(b) 多重クロス集計表

年齢層	性別	結婚希望 したい	結婚希望 したくない	合計
20 代	男性	120 (0.600)	80 (0.400)	200
	女性	45 (0.900)	5 (0.100)	50
	合計	165 (0.660)	85 (0.340)	250
30 代	男性	4 (0.100)	36 (0.900)	40
	女性	160 (0.400)	240 (0.600)	400
	合計	164 (0.373)	276 (0.627)	440

女性の 0.459 の割合の回答者が結婚したいと回答していた．したがって，男性のほうが女性よりも結婚したいと考えていた．

結婚に対する意識は，年齢層によって異なるかもしれない．そのため，20 代と 30 代に層化して多重クロス集計表を構成した (表 8.6(b))．20 代では，男性の 0.600 の割合の回答者が結婚したいと回答しており，女性の 0.900 の割合の回答者が結婚したいと回答していた．30 代では，男性のうち 0.100 の割合の回答者が結婚したいと回答しており，女性のうち 0.400 の割合の回答者が結婚したいと回答していた．すなわち，いずれの年代 (20 代，30 代) においても，女性のほうが男性よりも結婚したいと考えており，表 8.6(a) のクロス集計表と逆の結果になった．

層化する前のクロス集計表と層化した後のクロス集計表で異なる結果になることを**シンプソン (Simpson) のパラドックス**といい，このような状況を引き起こす変数 (この事例では年代) のことを，**第 3 の変数**という．

(c) 第 3 の変数とその影響 (1)：擬似的な関係

保険会社が年収と健康状態の関係について調査した．調査の結果，血圧が高い回答者のなかで年収 700 万円以上の割合が 0.154 であり，血圧が高くない被験者のなかで年収 700 万円以上の割合が 0.096 であったことから，「高血圧なほど年収が高い」と結論付けられた．しかしながら，年齢が高いほど高血圧な人が多く，また，年収も一般的には年齢が高いほど多い．すなわち，この調査では年齢という第 3 の変数を見落としている可能性がある．

表 8.7 は，年齢層 (20 代，30 代，40 代) で層化したときの多重クロス集計表である．(高血圧で年収 700 万円以上の割合) と (非高血圧で年収 700 万円以上の割合) は，それぞれ

$$(\text{高血圧で年収 700 万円以上の割合}) = \frac{15 + 70 + 300}{300 + 700 + 1500} = 0.154$$

$$(\text{非高血圧で年収 700 万円以上の割合}) = \frac{60 + 80 + 100}{1200 + 800 + 500} = 0.096$$

であり，高血圧のほうが非高血圧よりも年収 700 万円以上の割合が高い．ただし，多重クロス集計表を全体的に眺めると，

高血圧で年収 700 万円以上の割合

  20〜29 歳：0.050， 30〜39 歳：0.100， 40〜49 歳：0.200,

表 8.7 擬似的な関係の例示：年齢で層化した高血圧と年収に対する多重クロス集計表 (カッコ内は行相対度数)

年齢層	血圧	年収 (700 万円)		合 計
		以　上	未　満	
20〜29 歳	高い	15 (0.050)	285 (0.950)	300
	高くない	60 (0.050)	1,140 (0.950)	1,200
	合　計	75 (0.050)	1,425 (0.950)	1,500
30〜39 歳	高い	70 (0.100)	630 (0.900)	700
	高くない	80 (0.100)	720 (0.900)	800
	合　計	150 (0.100)	1,350 (0.900)	1,500
40〜49 歳	高い	300 (0.200)	1,200 (0.800)	1,500
	高くない	100 (0.200)	400 (0.800)	500
	合　計	400 (0.200)	1,600 (0.800)	2,000

図 8.1　擬似的な関係の例示

非高血圧で年収 700 万円以上の割合

　　20〜29 歳：0.050，　30〜39 歳：0.100，　40〜49 歳：0.200

であり，年齢が高くなるにつれて年収が高くなっているものの，高血圧のほうが非高血圧に比べて年収が高いという因果関係は認められなかった．図 8.1 は，この調査の状況を整理した模式図である．年齢が高いほど高血圧になる傾向があり，かつ，年齢が高いほど年収が高くなる傾向にあった．すなわち，年齢が高血圧と年収のそれぞれに影響を及ぼした結果，高血圧と年収のそれぞれに見かけの因果関係を示す (因果関係がないにもかかわらずあるように見えてしまう) ことになった．原因 (高血圧) と結果 (年収) のそれぞれに第 3 の変数が影響を及ぼすことで見かけの関係性が認められることを**擬似的な関係**という．

(d)　第 3 の変数とその影響 (2)：媒介的な関係

　ある調査会社が交通事故に関する調査を実施した．その結果，男性のうち交通事故の経験がある割合は 0.269 であり，女性のうち交通事故の経験があると回答した割合は 0.173 だった．そのため，この調査会社では，「男性のほうが女

表 8.8 媒介的な関係の例示：走行距離で層化した性別と事故経験に対する多重クロス集計表 (カッコ内は行相対度数)

走行距離	性別	交通事故経験		合計
		あり	なし	
長い	男性	1,050 (0.300)	2,450 (0.700)	3,500
	女性	558 (0.310)	1,242 (0.690)	1,800
	合計	1,608 (0.303)	3,692 (0.697)	5,300
短い	男性	25 (0.050)	475 (0.950)	500
	女性	132 (0.060)	2,068 (0.940)	2,200
	合計	157 (0.058)	2,543 (0.942)	2,700

図 8.2 媒介的な関係の例示

性に比べて交通事故を引き起こす割合が高い」と結論づけた．しかしながら，一般に男性のほうが自動車を運転する機会が多く，また，自動車を運転するほど事故に遭遇するリスクは高くなる可能性があることが考えられる．

表 8.8 は，回答者の自動車運転おける走行距離 (多い，少ない) で層化したときの多重クロス集計表である．(男性で交通事故経験ありの割合) と (女性で交通事故経験ありの割合) は，それぞれ，

$$(男性で交通事故ありの割合) = \frac{1050 + 25}{3500 + 500} = 0.269$$

$$(女性で交通事故ありの割合) = \frac{558 + 132}{1800 + 2200} = 0.173$$

であり，男性のほうが女性よりも交通事故経験の割合が高かった．ただし，多重クロス集計表を全体的に眺めると，

・男性で交通事故ありの割合
　　走行距離が長い：0.300, 　走行距離が短い：0.050,
・女性で交通事故ありの割合
　　走行距離が長い：0.310, 　走行距離が短い：0.060

であり，走行距離が長い回答者のほうが，走行距離が短い回答者よりも交通事故経験の割合が高かったものの，男性のほうが女性に比べて交通事故経験が多

いという因果関係は認められなかった．図 8.2 は，この調査の状況を整理した模式図である．男性のほうが女性よりも自動車を多く運転しており (走行距離が長く)，自動車を多く運転するほど (走行距離が長いほど)，交通事故に遭遇するリスクは上昇していた．すなわち，性別と交通事故経験には，直接的な因果関係はなく，走行距離を媒介して見かけの因果関係を示すことになった．このように，原因 (性別) と結果 (交通事故経験) のあいだに媒介 (走行距離) となる変数 (媒介変数) が影響を与えることで見かけの連関が認められることを**媒介的な関係**という．

(e) 第 3 の変数とその影響 (3)：交互作用

ある病院では，疾患の重症度別に 2 種類の薬剤 (薬剤 A，薬剤 B) の有効性 (有効である，有効でない) を調査した．重症度で層化したときの薬剤と有効性の関係を表 8.9 に示す．重症患者における薬剤 A が有効だった割合は 0.722 であり，軽症患者における薬剤 A が有効だった割合は 0.491 だった．したがって，薬剤 A は重症患者のほうが軽症患者に比べて有効だった割合が高かった．

一方で，重症患者における薬剤 B が有効だった割合は 0.486 であり，軽症患者における薬剤 B が有効だった割合は 0.696 だった．したがって，薬剤 B では重症患者よりも軽症患者のほうが有効だった割合が高かった．このように，2 個の変数 (薬剤，有効性) の関連パターンが第 3 の変数 (重症度) によって異なることを**交互作用**という．

図 8.3 は，重症度別での薬剤 A と薬剤 B の有効割合 (有効者/合計) を表したグラフである．図 8.3(a) は，交互作用がない場合を表している．薬剤 B のほうが薬剤 A よりも有効割合が高く，有効割合の差は軽症患者と重症患者で違いがないことがわかる．

表 8.9 交互作用の例示：薬剤の効果と重症度に関する多重クロス集計表 (カッコ内は行相対度数)

重症度	種類	有効性		合計
		有効である	有効でない	
重症	薬剤 A	342 (0.722)	132 (0.278)	474
	薬剤 B	239 (0.486)	253 (0.514)	492
	合計	581 (0.601)	385 (0.399)	966
軽症	薬剤 A	215 (0.491)	223 (0.509)	438
	薬剤 B	382 (0.696)	167 (0.304)	549
	合計	597 (0.605)	390 (0.395)	987

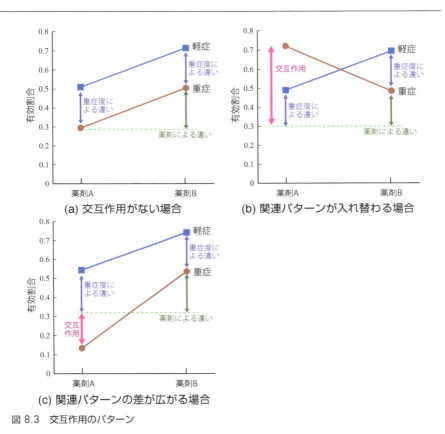

図 8.3 交互作用のパターン

　交互作用には，2 種類のパターンが存在する．1 つは，第 3 の変数によって原因と結果の関連パターンが入れ替わる場合であり，もう 1 つは，第 3 の変数によって原因と結果の関連パターンの差が広がる場合である．図 8.3(b) は，表 8.9 の行相対度数を用いて作成されたグラフであり，第 3 の変数によって原因と結果の関連パターンが入れ替わる場合である．軽症群では，図 8.3(a) と同様に薬剤 B の有効割合が薬剤 A の有効割合に比べて高い．しかしながら，重症患者に薬剤 A が投与されたことで，薬剤 A と薬剤 B の有効割合の差が逆転していることがわかる．

　図 8.3(c) は，第 3 の変数によって原因と結果の関連パターンの差が広がる場合である．いずれの重症度においても，薬剤 B のほうが薬剤 A よりも有効割

合が高い．しなしながら，重症患者に薬剤 A が投与されたことで，有効割合が大幅に減少していることがわかる．

8.2 カイ 2 乗検定

ここでは，クロス集計表における統計的推測として，カイ 2 乗検定をとりあげる．カイ 2 乗検定では，2×2 クロス集計表の場合に，母比率の検定あるいは母比率の差の検定と同様の理由で，連続性の補正を行うことがある．そのため，ここでは，2×2 クロス集計表とそれ以外の場合に分けて，検定の方法を解説する．

8.2.1 2×2 クロス集計表でのカイ 2 乗検定

クロス集計表において，2 個の変数の関連性を評価するための仮説検定が**カイ 2 乗検定**である．カイ 2 乗検定は，クロス集計表の目標が，連関関係の評価にある場合あるいは，因果関係の評価にある場合のいずれにも同様に利用できる．カイ 2 乗検定は，2 個の変数に関係がない (独立である) と仮定したときの度数を周辺度数から計算し，実際に観測された度数 (観測度数) との乖離を評価する．そのため，カイ 2 乗検定は**独立性の検定**とも呼ばれる．

カイ 2 乗検定では，

帰無仮説 H_0：変数 1 と変数 2 は独立である．

対立仮説 H_1：変数 1 と変数 2 は独立でない．

を検定する．対立仮説 H_1 における「独立でない」とは，連関関係を評価している場合には 2 個の変数には連関性があることを意味し，因果関係を評価している場合には応答変数に対して説明変数の影響があることを意味する．これまでの仮説検定では，片側対立仮説，両側対立仮説の両方が存在したが，カイ 2 乗検定では，独立性の有無のみをとり扱うため，両側対立および片側対立仮説の区別はなく，対立仮説は 1 つである．

表 8.10 は，8.1.1 項の緑茶の満足度アンケートのクロス集計表 8.2 の各セル

表 8.10 緑茶の満足度アンケートのクロス集計表

	満 足	不満足	合 計
新商品	291 (O_{11})	125 (O_{12})	416 (n_1)
既存品	270 (O_{21})	146 (O_{22})	416 (n_2)
合 計	561 (m_1)	271 (m_2)	832 (N)

に記号を付与したものである．2個の変数に関係がない (独立である) と仮定したときの度数は**期待度数** $E_{ij}(i=1,2, j=1,2)$ と呼ばれる．期待度数は，周辺度数 m_i, n_j および総度数 N を用いて，

$$E_{ij} = \frac{m_i \times n_j}{N}$$

で与えられる．緑茶の満足度アンケートの事例では，

$$E_{11} = \frac{561 \times 416}{832} = 280.5, \quad E_{12} = \frac{271 \times 416}{832} = 135.5,$$
$$E_{21} = \frac{561 \times 416}{832} = 280.5, \quad E_{22} = \frac{271 \times 416}{832} = 135.5$$

である．

カイ2乗検定における検定統計量 χ_0^2 は，観測度数と期待度数の差の2乗を各セルで計算する．このとき，セル間の度数の違いによる影響がないように期待度数で割ることで，

$$\begin{aligned}\chi_0^2 &= \frac{(O_{11}-E_{11})^2}{E_{11}} + \frac{(O_{12}-E_{12})^2}{E_{12}} + \frac{(O_{21}-E_{21})^2}{E_{21}} + \frac{(O_{22}-E_{22})^2}{E_{22}} \\ &= \sum_{i=1}^{2}\sum_{j=1}^{2}\frac{(O_{ij}-E_{ij})^2}{E_{ij}}\end{aligned} \quad (8.1)$$

で与えられる．検定統計量 χ_0^2 は，**カイ2乗統計量 (カイ2乗値)** と呼ばれる．

このとき，検定統計量 χ_0^2 は，帰無仮説のもとで自由度1のカイ2乗分布に従う．カイ2乗検定では，棄却限界値を探すときに，カイ2乗分布表の $\alpha/2$ ではなく，α を見なければならない．そして，カイ2乗分布の上側 α パーセント点 $\chi_1^2(\alpha)$ を用いて $\chi_0^2 > \chi_1^2(\alpha)$ のときに帰無仮説が棄却され，$\chi_0^2 \leq \chi_1^2(\alpha)$ のときに帰無仮説が受容される．

緑茶の満足度アンケートの事例では，

$$\begin{aligned}\chi_0^2 &= \frac{(291-280.5)^2}{280.5} + \frac{(125-135.5)^2}{135.5} + \frac{(270-280.5)^2}{280.5} + \frac{(146-135.5)^2}{135.5} \\ &= 2.413\end{aligned}$$

である．カイ2乗分布表より有意水準 $\alpha = 0.05$ での棄却限界値 $\chi_1^2(0.05) = 3.841$ なので，帰無仮説が受容される．したがって，商品と満足度は独立であることを否定できなかった．いいかえれば，新商品と既存品で満足度に違いがあるとはいえなかった．

ただし，検定統計量に対する帰無分布 (カイ2乗分布) には近似が用いられる

ため，2×2 クロス集計表でのカイ 2 乗検定は，母比率の検定あるいは母比率の差の検定と同様に近似精度に疑義がもたれる．したがって，連続性の補正を行うことが多い．2×2 クロス集計表での連続性の補正は，**イェーツ (Yates) の補正**と呼ばれる．

イェーツの補正を伴う 2×2 クロス集計表でのカイ 2 乗検定を以下に示す．

> ❖ **イェーツ (Yates) の補正を伴う 2×2 クロス集計表でのカイ 2 乗検定**
>
> いま，2×2 クロス集計表が
>
> | | | 変数 2 | | 合計 |
> | --- | --- | --- | --- | --- |
> | | | カテゴリ 1 | カテゴリ 2 | |
> | 変数 1 | カテゴリ 1 | O_{11} | O_{12} | n_1 |
> | | カテゴリ 2 | O_{21} | O_{22} | n_2 |
> | 合計 | | m_1 | m_2 | N |
>
> のように与えられるとき，イェーツの補正を伴うカイ 2 乗検定の検定統計量 χ_0^2 は
>
> $$\chi_0^2 = \frac{N(|O_{11} \cdot O_{22} - O_{12} \cdot O_{21}| - N/2)^2}{n_1 \cdot n_2 \cdot m_1 \cdot m_2} \tag{8.2}$$
>
> である．このとき，検定統計量 χ_0^2 は，帰無仮説のもとで自由度 1 のカイ 2 乗分布に従う．

緑茶の満足度アンケートの事例では，

$$\begin{aligned}\chi_0^2 &= \frac{832 \times (|291 \times 146 - 270 \times 125| - 832/2)^2}{416 \times 416 \times 561 \times 271} \\ &= 2.189\end{aligned}$$

である．有意水準 $\alpha = 0.05$ での棄却限界値 $\chi_1^2(0.05) = 3.841$ より，イェーツの補正がない場合と同様に帰無仮説が受容された．

8.2.2 $k \times l$ クロス集計表でのカイ 2 乗検定

前節では，2×2 クロス集計表でのカイ 2 乗検定について述べたが，$k \times l$ クロス集計表でも検定の方法および考え方は，同じである．したがって，仮説は

帰無仮説 H_0：変数 1 と変数 2 は独立である (関連性がない)．

対立仮説 H_1：変数 1 と変数 2 は独立でない (関連性がある)．

である．このとき，検定統計量は期待度数 E_{ij} と観測度数 O_{ij} の乖離の大きさによって次のように定義される．

> ❖ $k \times l$ **クロス集計表でのカイ 2 乗検定**
>
> いま，$k \times l$ クロス集計表が観測度数が
>
> | | | 変数 2 | | | | 合計 |
> | --- | --- | --- | --- | --- | --- | --- |
> | | | 1 | 2 | $\cdots$ | l | |
> | 変数 1 | 1 | O_{11} | O_{12} | $\cdots$ | O_{1l} | n_1 |
> | | 2 | O_{21} | O_{22} | $\cdots$ | O_{2l} | n_2 |
> | | $\vdots$ | $\vdots$ | $\vdots$ | $\vdots$ | $\vdots$ | $\vdots$ |
> | | k | O_{k1} | O_{k2} | $\cdots$ | O_{kl} | n_k |
> | 合計 | | m_1 | m_2 | $\cdots$ | m_l | N |
>
> で与えられたとき，各セルに対する期待度数 E_{ij} は，
>
> $$E_{ij} = \frac{m_j \cdot n_i}{N}, \quad i=1,2,\ldots,k,\ j=1,2,\ldots,l$$
>
> である．このとき，検定統計量 χ_0^2 は
>
> $$\chi_0^2 = \sum_{i=1}^{k} \sum_{j=1}^{l} \frac{(O_{ij} - E_{ij})^2}{E_{ij}} \tag{8.3}$$
>
> で与えられる．検定統計量 χ_0^2 は，帰無仮説のもとで，自由度 $(k-1) \cdot (l-1)$ のカイ 2 乗分布 $\chi_{(k-1)(l-1)}^2(\alpha)$ に従う．

例 8.1： ある新聞社が実施した政党支持と年齢層のクロス集計表を表 8.11 に示す．年齢層と支持政党に関連性があるか否かをカイ 2 乗検定を用いて評価する．このとき，仮説は，

　　　帰無仮説 H_0：年齢層と支持政党は独立である (関連性がない)．

　　　対立仮説 H_1：年齢層と支持政党は独立でない (関連性がある)．

表 8.11　年代と支持政党に対するクロス集計表

		支持政党				
		A 党	B 党	C 党	D 党	合　計
年　代	20～39 歳	231	122	121	32	506
	40～59 歳	321	163	106	21	611
	60 歳以上	182	113	53	61	409
	合　計	734	398	280	114	1,526

である.

それぞれのセルに対する期待度数 E_{ij} は,

$$E_{11} = \frac{734 \times 506}{1526} = 243.4, \quad E_{12} = \frac{398 \times 506}{1526} = 132.0,$$

$$E_{13} = \frac{280 \times 506}{1526} = 92.8, \quad E_{14} = \frac{114 \times 506}{1526} = 37.8,$$

$$E_{21} = \frac{734 \times 611}{1526} = 293.9, \quad E_{22} = \frac{398 \times 611}{1526} = 159.4,$$

$$E_{23} = \frac{280 \times 611}{1526} = 112.1, \quad E_{24} = \frac{114 \times 611}{1526} = 45.6,$$

$$E_{31} = \frac{734 \times 409}{1526} = 196.7, \quad E_{32} = \frac{398 \times 409}{1526} = 106.7,$$

$$E_{33} = \frac{280 \times 409}{1526} = 75.0, \quad E_{34} = \frac{114 \times 409}{1526} = 30.6$$

である.したがって,検定統計量 χ_0^2 は,

$$\chi_0^2 = \frac{(231-243.4)^2}{243.4} + \frac{(122-132.0)^2}{132.0} + \frac{(121-92.8)^2}{92.8} + \frac{(32-37.8)^2}{37.8}$$
$$+ \frac{(321-293.9)^2}{293.9} + \frac{(163-159.4)^2}{159.4} + \frac{(106-112.1)^2}{112.1} + \frac{(21-45.6)^2}{45.6}$$
$$+ \frac{(182-196.7)^2}{196.7} + \frac{(113-106.7)^2}{106.7} + \frac{(53-75.0)^2}{75.0} + \frac{(61-30.6)^2}{30.6} = 65.157$$

である.検定統計量 χ_0^2 は,帰無仮説 H_0 のもとで自由度 $(3-1) \times (4-1) = 6$ のカイ 2 乗分布に従う.自由度 6 のカイ 2 乗分布の上側 5 パーセント点は,カイ 2 乗分布表を用いることで

v	α							
	0.990	0.975	0.95	0.90	0.10	0.05	0.025	0.001
5	0.55	0.83	1.15	1.61	9.24	11.07	12.83	20.52
6	0.87	1.24	1.64	2.20	10.64	12.59	14.45	22.46
7	1.24	1.69	2.17	2.83	12.02	14.07	16.01	24.32

より,$\chi_6^2(0.05) = 12.59$ である.$\chi_0^2 > \chi_6^2(0.05)$ であることから,帰無仮説 H_0 が棄却され,対立仮説 H_1 が支持される.したがって,年齢層と支持政党は独立でない (関連がある) ことが示された.いいかえれば,年齢層によって支持政党に違いが認められた.

8.3 クロス集計表の要約

ここでは，連関関係を表す指標であるクラメル (Cramer) 係数について説明する．そして，2×2クロス集計表において因果関係の強さを表す指標として，オッズ比について説明する．

8.3.1 連関関係を要約するための指標

カイ2乗検定は，2変数の連関関係(独立性)が統計的に有意であるか否かを評価するための方法である．他方，連関関係の強さを数値的に表したものがクラメル係数である．

> ❖**クラメル (Cramer) 係数の定義**
>
> いま，カイ2乗統計量 χ_0^2(カイ2乗検定の検定統計量) が与えられたとき (2×2クロス集計表の場合にはイェーツの補正は行わない)，クラメル係数 V は，
>
> $$V = \sqrt{\frac{\chi_0^2}{N \cdot (\min(k,l) - 1)}} = \frac{\phi}{\sqrt{\min(k,l) - 1}} \tag{8.4}$$
>
> で与えられる．ここで，N は全体度数，$\phi = \sqrt{\chi_0^2/N}$ は，**ファイ係数**と呼ばれ，2×2クロス集計表では，クラメル係数 V とファイ係数 ϕ は一致する．また，$\min(k,l)$ は，$k \times l$ クロス集計表において，列の数 k と行の数 l のうち，小さいほうを表す．

クラメル係数は0から1の範囲をとり，1に近づくほど2変数の連関関係が

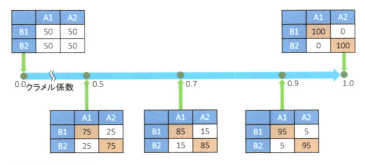

図 8.4　クラメル係数の図示

強いと解釈される．

図 8.4 は，クロス集計表とクラメル係数の関係を表したものである．すべてのセルの値が等しいとき，行の変数 (A) と列の変数 (B) には連関関係がないため，クラメル係数が 0 である．右側のクロス集計表ほど，対角のセル (朱色のセル) の数値が反対側の対角 (白色のセル) の数値に比べて大きくなっている．これは，A1 のときに B1，A2 のときに B2 が生じる割合が増加していることを表し，いいかえれば連関関係が増加していることを意味する．その結果として，クラメル係数が増加している (1 に近づいている)．そして，対角のセルのみに数値が存在するとき (A1 のときに B1，A2 のときに B2 が生じる)，クラメル係数が 1 になる．

例 8.2 : 政党支持率のクロス集計表 8.11 におけるクラメル係数を計算する．このときのカイ 2 乗統計量 (検定統計量) $\chi_0^2 = 65.157$ なので，クラメル係数 V は，

$$V = \sqrt{\frac{65.157}{1526 \times (3-1)}} = 0.146$$

である．

8.3.2 2×2 クロス集計表の要約：オッズ比とオッズ比に対する統計的推測

因果関係を評価するための指標として重要な統計量の 1 つがオッズである．オッズとは，ある結果が生じる割合と生じない割合の比で表される．すなわち，ある結果が生じる割合が 0.5 (50 パーセント) のとき，オッズが 1.0，割合が 0.5 を下回る場合には 1.0 未満の値，そして 0.5 を上回る場合には 1.0 を越える値をとる．競馬などで用いられるオッズとは，このオッズを応用したものである．表 8.10 の緑茶の満足度の事例の場合，オッズは，

$$\text{新商品でのオッズ} = \frac{0.700}{1 - 0.700} = 2.333,$$
$$\text{既存品でのオッズ} = \frac{0.649}{1 - 0.649} = 1.849$$

である．一般には，オッズ自体を評価することは少なく，オッズ比が利用される．オッズ比を用いることで，要因の有無 (新商品/既存品) によって，結果 (満足度) が何倍生じるかを評価することができる．

❖ **オッズ比の定義**

いま，2×2クロス集計表が

	結果あり	結果なし
要因あり	O_{11}	O_{12}
要因なし	O_{21}	O_{22}

のように与えられているとする．このとき，$\hat{p}_1$ を「要因あり」での結果が生じる割合，$\hat{p}_2$ を「要因なし」での結果が生じる割合とするとオッズ比 OR は

$$OR = \frac{\hat{p}_1/(1-\hat{p}_1)}{\hat{p}_2/(1-\hat{p}_2)}$$

$$= \frac{O_{11}/(O_{11}+O_{12})}{O_{12}/(O_{11}+O_{12})} \bigg/ \frac{O_{21}/(O_{21}+O_{22})}{O_{22}/(O_{21}+O_{22})}$$

$$= \frac{O_{11} \cdot O_{22}}{O_{12} \cdot O_{21}} \tag{8.5}$$

である．このとき，オッズ比を用いることで，「(要因あり) は (要因なし) に比べて結果を何倍生じさせるか」を表すことができる．

緑茶の満足度アンケートの事例におけるオッズ比は，式 (8.5) を用いることで

$$OR = \frac{291 \times 146}{125 \times 270} = 1.259$$

であり，新商品は既存品に比べて 1.259 倍満足していることがわかる．

統計的推測の観点では，クロス集計表は母集団から無作為に抽出された観測値に基づいており，クロス集計表から計算されるオッズ比は母集団におけるオッズ比 (母オッズ比) の点推定値である．したがって，区間推定を行うことも考えられる．実際に，オッズ比を用いる場合には，推定されたオッズ比とともに，95%信頼区間を付与することが多い．その理由は，母オッズ比に対する 95%信頼区間が 1.00 を含んでいない場合には，要因によって結果が異なる (両側対立仮説) ことを表しており，一方で，含んでいる場合には，要因によって結果が異なるとはいえないと解釈できるためである．

母オッズ比に対する $100 \cdot (1-\alpha)$% 信頼区間は次のとおりである．

❖ **母オッズ比に対する** $100 \cdot (1-\alpha)\%$ **信頼区間**

いま,2×2 クロス集計表が「オッズ比の定義」と同様に与えられており,このときのオッズ比は OR であるとき,オッズ比に対する $100 \cdot (1-\alpha)\%$ 信頼区間は,

$$\left[OR \times \exp\left(-z(\alpha/2) \times \sqrt{\frac{1}{O_{11}} + \frac{1}{O_{12}} + \frac{1}{O_{21}} + \frac{1}{O_{22}}}\right), \right.$$
$$\left. OR \times \exp\left(z(\alpha/2) \times \sqrt{\frac{1}{O_{11}} + \frac{1}{O_{12}} + \frac{1}{O_{21}} + \frac{1}{O_{22}}}\right) \right] \quad (8.6)$$

で与えられる.ここで,$\exp(\cdot)$ は指数関数,$z(\alpha/2)$ は標準正規分布の上側 $100 \cdot (\alpha/2)$ パーセント点である.

緑茶の満足度の事例における母オッズ比に対する 95% 信頼区間は,式 (8.6) を用いることで

下側信頼限界:$1.259 \times \exp\left(-1.96 \times \sqrt{\dfrac{1}{291} + \dfrac{1}{125} + \dfrac{1}{270} + \dfrac{1}{146}}\right) = 0.941$

上側信頼限界:$1.259 \times \exp\left(1.96 \times \sqrt{\dfrac{1}{291} + \dfrac{1}{125} + \dfrac{1}{270} + \dfrac{1}{146}}\right) = 1.684$

であり $[0.941, 1.684]$ となる.信頼区間が 1.000(既存品よりも新商品に満足している回答者は,1.000 倍存在する) を含んでいることから,新商品と既存品のあいだで満足度に有意な違いがあるとはいえなかった.

8.4 章末問題

問題 8.1: 疾患に対する新薬と既存薬の効果を比較する研究が行われた.次の表は,このときの研究結果を表すクロス集計表である.

		有効性		
		あり	なし	合計
薬	新薬	37	12	49
	既存薬	9	21	30
	合計	46	33	79

(1) 薬によって有効性に違いがあるだろうか.カイ 2 乗検定を用いて有意水準 0.05 のもとで検定しなさい.

(2) オッズ比および95%信頼区間を計算しなさい.

問題 8.2 : Altman(1990) は，成人女性の既婚状況とカフェイン摂取量の関係を調査している．このときのクロス集計表を以下に示す．

	カフェイン摂取量				合計
	0	1~150	151~300	>300	
既婚者	652	1537	598	242	3209
離婚独身者	36	46	38	21	141
独身者	218	327	104	67	716
合計	906	1910	740	330	3886

P. G. Altman, *Practical Statistics for Medical Research*, chapmann and Hall/CRC, 1990.

(1) 既婚状況とカフェイン摂取量に関連性があるだろうか．カイ2乗検定を用いて有意水準 0.05 のもとで検定しなさい．
(2) クラメル係数を計算しなさい．

9 相関分析

●本章の目標●

1. 相関関係と共分散の関係について理解できる．
2. 2変数の関係について相関係数を用いて要約し，適切に解釈できる．
3. 相関係数に対する統計的推測ができる．

本章では，相関分析および相関係数に関する統計的推測について説明する．まず，共分散と相関係数について説明する．そこでは，相関係数の性質と留意点について説明し，第3の変数と相関係数の関係，および偏相関係数について述べる．最後に，相関係数に関する統計的推測として，無相関性の検定，相関係数の差の検定，および，相関係数に対する区間推定の方法について述べる．

9.1 共分散

表9.1は，7名の成人男性の体重 (kg)(以下，体重)，1日当たりの摂取カロリー (kcal)(以下，摂取カロリー) および1日当たりの歩行距離 (m)(以下，歩行距離) の調査結果である．ここでは，これらの変数の組み合わせにおける相関関係を評価することに関心がある．

図9.1は，3つの変数の組み合わせでの散布図である．体重と摂取カロリーの散布図において，データ点は，左下から右上方向に布置しており，2変数 (体重，摂取カロリー) に対して正の相関関係が示唆された (図9.1(a))．体重と歩

表 9.1　成人男性の体重・摂取カロリー・歩行距離に関するデータ

体重 (kg)	摂取カロリー (kcal)	歩行距離 (m)
61.5	2,660	1,023
61.5	2,772	1,045
60.2	2,387	923
59.2	2,453	1,024
68.0	2,898	677
62.9	2,601	787
62.0	2,380	704

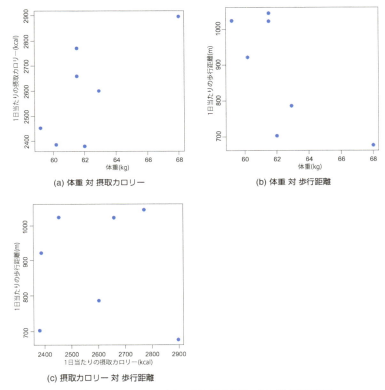

図 9.1 成人男性の体重，摂取カロリー，歩行距離に関するデータに対する散布図

行距離の散布図において，データ点は，右下から左上方向にプロットされており，2 変数 (体重，歩行距離) に対して，負の相関関係が示された (図 9.1(b))．そして，摂取カロリーと歩行距離の散布図では，2 変数に対して相関関係が認められなかった (無相関だった)．

　散布図による相関関係の評価は，評価者の主観的な要素が含まれる．そのため，相関関係の強さを「何らか」の数値で表すことが必要になる．相関関係を表す最も基本的な統計量が**共分散**である．

　図 9.2 は，図 9.1 を各変数の平均で 4 領域に分けたものである．(I) は，横軸の変数の値が横軸の変数の平均よりも大きくかつ縦軸の変数の値が縦軸の変数の平均よりも大きい値をとる領域であり，(II) は，横軸の変数の値が横軸の変

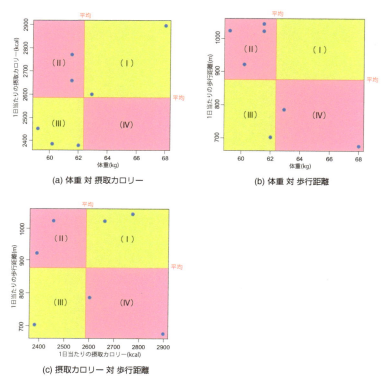

(a) 体重 対 摂取カロリー

(b) 体重 対 歩行距離

(c) 摂取カロリー 対 歩行距離

図 9.2 成人男性の体重，摂取カロリー，歩行距離に関するデータに対する散布図 (平均値で領域分け)

数の平均より小さく，かつ縦軸の変数の値が縦軸の変数の平均より大きい値をとる領域であり，(III) は，横軸の変数の値が横軸の変数の平均より小さく，かつ縦軸の変数の値が縦軸の変数の平均より小さい値をとる領域であり，そして，(IV) は，横軸の変数の値が横軸の変数の平均よりも大きくかつ縦軸の変数の値が縦軸の変数の平均より小さい値をとる領域である．

正の相関関係がある場合，右肩上がりの傾向を示すことから，散布図のデータ点は，領域 (I)(III) に多くプロットされるはずである．実際に，正の相関関係が示された体重と摂取カロリーの散布図では，領域 (I) に 2 個，領域 (III) に 3 個のデータ点がプロットされた (図 9.2(a) の黄色の領域)．

負の相関関係がある場合，右肩下がりの傾向を示すことから，散布図のデータ点は，領域 (II)(IV) に多くプロットされるはずである．実際に，負の相関関

係が示された体重と歩行距離の散布図では，領域 (II) に 4 個，領域 (IV) に 2 個のデータ点がプロットされた (図 9.2(b) の桃色の領域).

無相関の場合，上述のような傾向は認められないことから，散布図のデータ点は，すべての領域にほぼ一様にプロットされるはずである．実際に，無相関が示された摂取カロリーと歩行距離の散布図では，領域 (I)(II)(IV) に 2 個，領域 (III) に 1 個のデータ点がプロットされた (図 9.2(c)).

いま，n 個の 2 変数のデータ $(x_i, y_i), i = 1, \ldots, n$ が与えられたとき，それらの変数の平均値を $\bar{x}, \bar{y}$ とする．このとき，i 番目の個体 (x_i, y_i) が黄色の領域 (領域 (I)(III)) にプロットされる場合には，$(x_i - \bar{x})(y_i - \bar{y})$ が正の値をとる．一方で，桃色の領域 (領域 (II)(IV)) にプロットされる場合には，$(x_i - \bar{x})(y_i - \bar{y})$ が負の値をとる．このことを利用して，共分散は，$(x_i - \bar{x})(y_i - \bar{y})$ の平均をとることで，次のように定義される．

> ❖ **共分散**
>
> いま，標本サイズ n の 2 変数の観測値 $(x_i, y_i), i = 1, 2, \ldots, n$ が与えられたとき，共分散は
>
> $$s_{xy} = \frac{1}{n-1} \sum_{i=1}^{n} (x_i - \bar{x})(y_i - \bar{y}) \tag{9.1}$$
>
> で与えられる．ここで，$\bar{x}, \bar{y}$ は，x, y の平均値
>
> $$\bar{x} = \frac{1}{n} \sum_{i=1}^{n} x_i, \quad \bar{y} = \frac{1}{n} \sum_{i=1}^{n} y_i$$
>
> である．

式 (9.1) において，$(x_i - \bar{x})(y - \bar{y})$ の総和を $n - 1$ で割るのは，不偏分散と同様に不偏性のためである．

共分散 s_{xy} が正値のとき，正の相関関係 (x が大きくなるほど，y も大きくなる) と解釈され，負値のとき，負の相関関係 (x が大きくなるほど，y が小さくなる) と解釈される．そして，0 に近づくほど相関関係が小さい (無相関である) と解釈され，遠くなるほど相関関係が大きいと解釈される．

例 9.1 : 成人男性の体重，摂取カロリー，歩行距離に関するデータにおいて，体重 x_i，摂取カロリー y_i，および歩行距離 z_i のそれぞれの組み合わせに対す

る共分散を計算する．体重の平均 $\bar{x}$, 消費カロリーの平均 $\bar{y}$, 歩行距離の平均 $\bar{z}$ は，それぞれ

$$\bar{x} = 62.2, \quad \bar{y} = 2593.0, \quad \bar{z} = 883.3$$

である．

これらの平均値を用いることで，体重と摂取カロリーの共分散 s_{xy} は

$$\begin{aligned}s_{xy} = &\frac{1}{7-1}\{(61.5-62.2)(2660-2593)+(61.5-62.2)(2772-2593)\\&+\cdots+(62.0-62.2)(2380-2593)\}=412.83\end{aligned}$$

である．よって，図 9.2(a) において，正の相関関係が示された x と y の共分散 s_{xy} として正の値が得られた．

次いで，体重と歩行距離の共分散 s_{xz} は

$$\begin{aligned}s_{xz} = &\frac{1}{7-1}\{(61.5-62.2)(1023.0-883.3)+(61.5-62.2)(1045.0-883.3)\\&+\cdots+(62.0-62.2)(704.0-883.3)\}=-323.43\end{aligned}$$

である．よって，図 9.2(b) において，負の相関関係が示された x と z の共分散 s_{xz} として負の値が得られた．

最後に，摂取カロリーと歩行距離の共分散 s_{yz} は

$$\begin{aligned}s_{yz} = &\frac{1}{7-1}\{(2660-2593)(1023.0-883.3)+(2772-2593)(1045.0-883.3)\\&+\cdots+(2380-2593)(704.0-883.3)\}\\=&-2512.17\end{aligned}$$

である．図 9.2(c) において，無相関が示された y と z の共分散 s_{yz} の値としては負の値が得られ，0 に近いとはいえなかった．

9.2 相関係数

9.2.1 相関係数の定義

摂取カロリーと歩行距離の共分散 s_{yz} は，図 9.2 の散布図のなかで無相関であると解釈されたにもかかわらず，3 個の共分散の中で，最も 0 から離れていた．これは，共分散がそれぞれの変数のばらつきの影響を受けるためである．たとえば，摂取カロリーと歩行距離の共分散 s_{yz} において歩行距離の単位をメートル (m) からキロメートル (km) に変更した場合，共分散の値 s_{xy} は 412.83 から 41283 になる．つまり，共分散では，正負の記号によって正負の相関関係のいずれかが評価できるものの，相関関係の強さを評価することは (変数の単位

が同じ場合を除いて) 困難である．そのため，共分散をそれぞれの変数の標準偏差で割ることで，-1 から 1 までの範囲をとるようにする．この統計量が**相関係数**である．したがって，相関係数は次のように定義される．

> ❖**相関係数**
>
> いま，標本サイズ n の 2 変数の観測値 $(x_i, y_i), i = 1, 2, \ldots, n$ が与えられたとき，相関係数は
>
> $$\rho_{xy} = \frac{s_{xy}}{s_x s_y} = \frac{\sum_{i=1}^{n}(x_i - \bar{x})(y_i - \bar{y})}{\sqrt{\sum_{i=1}^{n}(x_i - \bar{x})^2}\sqrt{\sum_{i=1}^{n}(y_i - \bar{y})^2}} \tag{9.2}$$
>
> で与えられる．ここに，s_x, s_y は，それぞれ，x, y の (不偏) 標準偏差
>
> $$s_x = \sqrt{\frac{1}{n-1}\sum_{i=1}^{n}(x_i - \bar{x})^2}, \quad s_y = \sqrt{\frac{1}{n-1}\sum_{i=1}^{n}(y_i - \bar{y})^2}$$
>
> である．

なお，変数 x と変数 y の相関係数 r_{xy} と，変数 y と変数 x の相関係数 r_{yx} は同一である．これは散布図において X 軸と Y 軸の変数を入れ替えても相関関係に違いがないことを意味する．

前述したように，相関係数 r_{xy} は，-1 から 1 の範囲をとる．このとき，-1 に近くなるほど負の相関関係 (x が大きくなるほど y が小さくなる) となり，1 に近づくほど正の相関関係 (x が大きくなるほど y も大きくなる) となる．また，0 に近いほど無相関 (x と y には相関関係がない) と解釈される．以下に，相関係数 r_{xy} を解釈するうえでの 1 つの目安を示す．

$$1.0 \geq |r_{xy}| > 0.8 \quad \text{かなり高い相関がある}$$
$$0.8 \geq |r_{xy}| > 0.6 \quad \text{高い相関がある}$$
$$0.6 \geq |r_{xy}| > 0.4 \quad \text{中程度の相関がある}$$
$$0.4 \geq |r_{xy}| > 0.3 \quad \text{ある程度の相関がある}$$
$$0.3 \geq |r_{xy}| > 0.2 \quad \text{弱い相関がある}$$
$$0.2 \geq |r_{xy}| \qquad\quad\ \ \text{ほとんど相関がない}$$

これらの目安はあくまでも一般的なものであり，応用する分野などによって，相関係数 r_{xy} の解釈の大きさは異なる．たとえば，検査機器あるいは測定機器の真値と実測値の測定結果の相関係数を評価する場合には，非常に高い相関係数 r_{xy} が求められる．

例 9.2： 成人男性の体重，摂取カロリー，歩行距離に関するデータにおいて，体重 x_i，摂取カロリー y_i，および歩行距離 z_i のそれぞれの組み合わせに対する相関係数を計算する．体重の不偏標準偏差 s_x，消費カロリーの不偏標準偏差 s_y，歩行距離の不偏標準偏差 s_z は，それぞれ

$$s_x = 2.83, \quad s_y = 198.76, \quad s_z = 158.65$$

である．これらの標準偏差および先ほど計算した共分散を用いることで，体重と摂取カロリーの相関係数 r_{xy} は

$$r_{xy} = \frac{412.83}{2.83 \times 198.76} = 0.733$$

であり，高い正の相関関係が与えられた．

次いで，体重と歩行距離の相関係数 r_{xz} は

$$r_{xz} = \frac{-323.43}{2.83 \times 158.65} = -0.720$$

であり，高い負の相関関係が与えられた．

最後に，摂取カロリーと歩行距離の相関係数 r_{yz} は

$$r_{yz} = \frac{-2512.17}{198.76 \times 158.65} = -0.080$$

であり，ほとんど相関関係は認められなかった．

9.2.2 相関係数の注意点

相関係数は「2 変数の**線形的な**関係」を表していることに注意しなければならない．図 9.3 は，2 変数の線形的な関係と 2 次曲線的な関係を表している．線

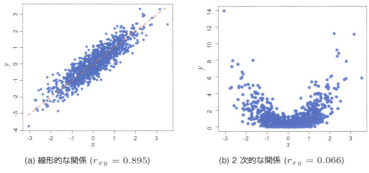

図 9.3 相関係数と 2 変数の関係に関する散布図

形的な関係を表す図 9.3(a) の相関係数 r_{xy} は $r_{xy} = 0.895$ であるのに対して，2 次曲線的な関係を表す図 9.3(b) の相関係数 r_{xy} は $r_{xy} = 0.066$ であり，無相関であると解釈される．ただし，2 次曲線的な関係であっても，2 変数に関係があると解釈されるべきである．すなわち，相関係数では，2 次曲線的な関係を表すことができない．そのため，相関係数を利用する場合には，散布図を描写することで，データ点の布置を確認することが推奨される．

9.2.3 標準化したときの共分散と相関係数

いま，標本サイズ n の 2 変数の観測値 $(x_i, y_i), i = 1, 2, \ldots, n$ が与えられたとき，それぞれを標準化し，

$$x'_i = \frac{x_i - \bar{x}}{s_x}, \quad y'_i = \frac{x_i - \bar{y}}{s_y}$$

とする．このとき，x'_i と y'_i の相関係数は，それぞれの標準偏差 $s_x = s_y = 1$ なので

$$r_{x'y'} = \frac{s'_{xy}}{1 \times 1} = s'_{xy}$$

となる．ここで，s'_{xy} は

$$s'_{xy} = \frac{1}{n-1} \sum_{i=1}^{n} (x'_i - 0)(y'_i - 0) = \frac{1}{n-1} \sum_{i=1}^{n} x'_i y'_i = s_{xy}$$

である．すなわち，標準化したときの 2 変数の共分散と相関係数は一致する．

したがって，もとのデータの単位を変更した場合，共分散は変化するものの，相関係数では変化しない．たとえば，成人男性の体重，摂取カロリー，歩行距

離に関するデータにおいて，体重の単位をキログラム (kg) からグラム (g) に変更した場合の体重と摂取カロリーの共分散 s'_{xy} は $s'_{xy} = 412833.3$ であり，キログラム単位での共分散 $s_{xy} = 412.83$ の 1000 倍になる．これに対して，グラム単位での体重と摂取カロリーの相関係数 r'_{xy} は，

$$r'_{xy} = \frac{412833.3}{2832.80 \times 198.76} = 0.733$$

なので，キログラム単位での体重と摂取カロリーの相関係数 r_{xy} と同じである．

9.2.4 擬似相関関係

いま，誤った医学研究において「ある種の疾患では，疾患の知識が高いほど，投薬治療の有効性が高い」という報告があったとする．図 9.4 は，この誤った医学研究での散布図である．正の相関関係が認められ，相関係数 r_{xy} が $r_{xy} = 0.6$ であることから，高い相関関係が認められている．

図 9.4 において，■ は重症患者であり，● は軽症患者である．群ごとに相関係数を計算すると，重症患者での相関係数 $r_重 = 0.028$ であり，軽症患者での相関係数 $r_軽 = 0.239$ だった．すなわち，「疾患の重症度」で分けられたいずれのグループにおいても，「疾患の知識」と「投薬治療の有効性」との間には，高い相関関係は認められなかった．軽症患者よりも重症患者のほうが疾患に対する知識を欲する．また，投薬治療は軽症患者よりも重症患者に対して有効性が高いことが散布図から解釈できる．すなわち，「疾患の重症度」という第 3 の変

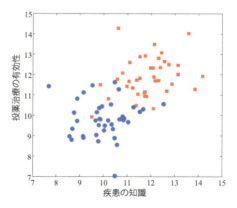

図 9.4 擬似相関関係の例示：「疾患の知識」と「投薬治療の有効性」の散布図 (■は重症患者であり，●は軽症患者である)

数が「疾患の知識」と「投薬治療の有効性」を媒介することで，あたかも，「疾患の知識」と「投薬治療の有効性」の間に正の相関関係が示された．本来は相関関係がないにもかかわらず，第3の変数が媒介することで，あたかも相関関係があるように見える関係を**擬似相関関係**という．

9.2.5 偏相関係数

図9.5は，ある国際調査機関によって調査された，世界各国の「男性平均寿命x」，「1ヵ月当たりの食品支出額y」および「国民1人当たりの年間所得額z」に対して，相関係数を求めたものである．「男性平均寿命x」と「1ヵ月当たりの食品支出額y」の相関係数$r_{xy} = 0.893$であることから，非常に高い相関関係が認められた．したがって，食品に支出する金額が多いほど平均寿命が伸びる傾向が示された．

しかしながら，「国民1人当たりの年間所得額z」が高い国の多くが先進国であり，一般に先進国ほど医療・福祉が充実しているため，平均寿命が伸びることが推察される．実際に，「男性平均寿命x」と「国民1人当たりの年間所得額z」の相関係数$r_{xz} = 0.954$であり，非常に高い正の相関関係があった．また，一般に先進国ほど物価が高いため，食品支出額が高くなる傾向にある．実際，「1ヵ月当たりの食品支出額y」と「国民1人当たりの年間所得額z」の相関係数$r_{yz} = 0.919$であり，非常に高い正の相関関係があった．

第3の変数による擬似相関関係(見かけの相関関係)の影響を省いたうえで，相関関係を見るための統計量が，**偏相関係数**である．

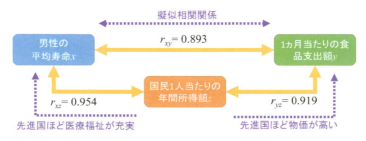

図 9.5 偏相関関係の例示

> **❖ 偏相関係数**
>
> いま，標本サイズ n の 3 変数の観測値 $(x_i, y_i, z_i), i = 1, 2, \ldots, n$ が与えられたとき，変数 x と変数 y の相関係数を r_{xy}，変数 x と変数 z の相関係数を r_{xz}，変数 y と変数 z の相関係数を r_{yz} とする．このとき，第 3 の変数 z とその他の変数のあいだの相関関係を除いた変数 x と変数 y の偏相関係数 $r_{xy \cdot z}$ は
>
> $$r_{xy \cdot z} = \frac{r_{xy} - r_{xz} \cdot r_{yz}}{\sqrt{1 - r_{xz}^2}\sqrt{1 - r_{yz}^2}} \tag{9.3}$$
>
> で与えられる．

例 9.3： 先ほどの国際調査の事例において，「国民 1 人当たりの年間所得額 z」の相関関係を除いた「男性平均寿命 x」と「1 ヵ月当たりの食品支出額 y」の偏相関係数 $r_{xy \cdot z}$ は，式 (9.3) を用いることで，

$$r_{xy \cdot z} = \frac{0.893 - 0.954 \times 0.919}{\sqrt{1 - 0.954^2} \times \sqrt{1 - 0.919^2}} = 0.138$$

である．したがって，「男性平均寿命 x」と「1 ヵ月当たりの食品支出額 y」には，ほとんど相関関係が認められなかった．

9.3 相関係数に関する統計的推測

9.3.1 無相関性の検定

標本サイズ n の 2 変数の観測値 $(x_i, y_i), i = 1, 2, \ldots, n$ が与えられたとき，無相関性の検定では x と y の間の母集団での相関係数 (母相関係数)ρ が 0 であるか否かが検定される．したがって，帰無仮説 H_0 および対立仮説 H_1 は，

帰無仮説 $H_0 : \rho = 0$ (2 変数間の母相関係数 ρ は 0 である)

対立仮説 $H_1 : \rho \neq 0$ (2 変数間の母相関係数 ρ は 0 でない)

である．

このとき，無相関性の検定の検定統計量 t_0 および帰無分布は，次のように構成される．

> **❖無相関性の検定**
>
> いま，標本サイズ n の 2 変数の観測値 $(x_i, y_i), i = 1, 2, \ldots, n$ が与えられとき，無相関性の検定の検定統計量 t_0 は，
>
> $$t_0 = \frac{r_{xy}\sqrt{n-2}}{\sqrt{1-r_{xy}^2}} \tag{9.4}$$
>
> で与えられる．ここで，r_{xy} は，x と y の相関係数である．検定統計量 t_0 は，帰無仮説のもとで自由度 $n-2$ の t 分布に従う．

無相関性の検定では，検定統計量 t_0 が帰無仮説 H_0 のもとで自由度 $n-2$ の t 分布に従うので，検定統計量 t_0 と棄却限界値 $t_{n-2}(\alpha/2)$ (自由度 $n-2$ の t 分布における上側 $100 \cdot (\alpha/2)$ パーセント点) を比較する．そして，$|t_0| > t_{n-2}(\alpha/2)$ ならば帰無仮説を棄却する (有意である)．$|t_0| \leq t_{n-2}(\alpha/2)$ ならば帰無仮説を受容する．すなわち，第 6 章における 1 標本に対する仮説検定の両側対立仮説と同様の形式をとる．

例 9.4 : 成人男性の体重，摂取カロリー，歩行距離に関するデータにおいて，体重と摂取カロリーでの相関関係を無相関性の検定により評価する．

帰無仮説 H_0 および対立仮説 H_1 は，

帰無仮説 H_0：体重と摂取カロリーの母相関係数 ρ は 0 である

対立仮説 H_1：体重と摂取カロリーの母相関係数 ρ は 0 でない

である．

体重と摂取カロリーに対する相関係数 $r_{xy} = 0.733$ なので，無相関性の検定の検定統計量は，式 (9.4) を用いることで，

$$t_0 = \frac{0.733\sqrt{7-2}}{\sqrt{1-0.733^2}} = 2.410$$

である．検定統計量 t_0 は，帰無仮説 H_0 のもとで，自由度 $7-2=5$ の t 分布に従う．自由度 5 の t 分布の上側 2.5 パーセント点 $t_5(0.025)$ は，$t_5(0.025) = 2.571$ である．$t_0 < t_5(0.025)$ なので，帰無仮説 H_0 が受容される．したがって，体重と摂取カロリーは無相関でない (対立仮説) という根拠は示されなかった．

9.3.2 母相関係数の差の検定

いま，標本サイズ n_A の 2 変数の観測値 $(x_i^A, y_i^A), i = 1, 2, \ldots, n_A$ での相関

係数を r_A とし，標本サイズ n_B の 2 変数の観測値 $(x_i^\mathrm{B}, y_i^\mathrm{B}), i = 1, 2, \ldots, n_\mathrm{B}$ での相関係数を r_B とする．それぞれの母相関係数を $\rho_\mathrm{A}, \rho_\mathrm{B}$ とするとき，母相関係数の差の検定における帰無仮説 H_0 および対立仮説 H_1 は，

帰無仮説 $\mathrm{H}_0 : \rho_\mathrm{A} = \rho_\mathrm{B}$ (母相関係数 ρ_A と母相関係数 ρ_B は等しい)

対立仮説 $\mathrm{H}_1 : \rho_\mathrm{A} \neq \rho_\mathrm{B}$ (母相関係数 ρ_A と母相関係数 ρ_B は等しくない)

である．

> ❖**母相関係数の差の検定**
>
> いま，標本サイズ n_A の 2 変数の観測値 $(x_i^\mathrm{A}, y_i^\mathrm{A}), i = 1, 2, \ldots, n_\mathrm{A}$ から得られた相関係数を r_A，標本サイズ n_B の 2 変数の観測値 $(x_i^\mathrm{B}, y_i^\mathrm{B}), i = 1, 2, \ldots, n_\mathrm{B}$ から得られた相関係数を r_B とするとき，相関係数の差の検定の検定統計量 z_0 は，
>
> $$z_0 = \frac{\frac{1}{2}\left\{\log_e\left(\frac{1+r_\mathrm{A}}{1-r_\mathrm{A}}\right) - \log_e\left(\frac{1+r_\mathrm{B}}{1-r_\mathrm{B}}\right)\right\}}{\sqrt{\frac{1}{n_\mathrm{A}-3} + \frac{1}{n_\mathrm{B}-3}}} \quad (9.5)$$
>
> で与えられる．ここで $\log_e$ は自然対数である．検定統計量 z_0 は帰無仮説のもとで標準正規分布に従う．

無相関性の検定では，検定統計量 z_0 が帰無仮説 H_0 のもとで標準正規分布に従うので，検定統計量 z_0 と棄却限界値 $z(\alpha/2)$ (標準正規分布における上側 $100 \cdot (\alpha/2)$ パーセント点) を比較する．そして，$|z_0| > z(\alpha/2)$ ならば帰無仮説を棄却する (有意である)．$|z_0| \leq z(\alpha/2)$ ならば帰無仮説を受容する．すなわち，第 7 章で学んだ 2 標本における仮説検定の両側対立仮説と同様の形式をとる．

例 9.5： 成人男性の体重，摂取カロリー，歩行距離に関するデータにおいて，同様の調査を成人女性 8 名に対しても実施した．その結果，体重と摂取カロリーの相関係数は $r_\mathrm{F} = 0.853$ だった．男性での体重と摂取カロリーの母相関係数 ρ_M と女性での体重と摂取カロリーの母相関係数 ρ_F は異なるか否かを相関係数の差の検定を用いて評価する．このとき，帰無仮説 H_0 および対立仮説 H_1 は，

帰無仮説 H_0：体重と摂取カロリーの母相関係数に性差はない ($\rho_M = \rho_F$)

対立仮説 H_1：体重と摂取カロリーの母相関係数に性差はある ($\rho_M \neq \rho_F$)

である．男性での体重と摂取カロリーに対する相関係数 $r_M = 0.733$，女性での体重と摂取カロリーに対する相関係数 $r_F = 0.853$ なので，母相関係数の差の検定の検定統計量 z_0 は，式 (9.5) を用いることで，

$$z_0 = \frac{\frac{1}{2}\left(\log_e \frac{1+0.733}{1-0.733} - \log_e \frac{1+0.853}{1-0.853}\right)}{\sqrt{\frac{1}{7-3} + \frac{1}{8-3}}} = \frac{-0.332}{0.671} = -0.495$$

である．棄却限界値 $z(0.025) = 1.96$ に対して，$|z_0| < z(0.025)$ であることから，帰無仮説 H_0 が受容される (有意でない)．したがって，体重と摂取カロリーの母相関係数に性差があるとはいえなかった．

9.3.3 母相関係数に対する区間推定

図 9.6 は，標本サイズ $n = 10$ での散布図と標本サイズ $n = 200$ での散布図 ($r_{xy} = 0.141$) である．無相関性の検定の結果は，有意水準 $\alpha = 0.05$ のもとでいずれも有意である．ただし，標本サイズ $n = 10$ の散布図 (図 9.6(a)) での相関係数 r_{xy} は，$r_{xy} = 0.644$ であり高い相関関係が認められるのに対して，標本サイズ $n = 200$ の散布図 (図 9.6(b)) での相関係数 r_{xy} は，$r_{xy} = 0.141$ では，ほとんど相関関係が認められない．すなわち，無相関性の検定では，標本サイズが大きい場合に，相関係数が小さくても有意になるおそれがある．その

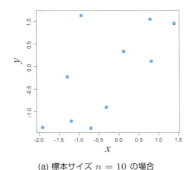

(a) 標本サイズ $n = 10$ の場合

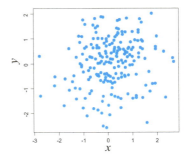

(b) 標本サイズ $n = 200$ の場合

図 9.6　標本サイズと無相関性の検定の関係

ため，相関係数では，信頼区間を用いることが推奨される．

いま，標本サイズ n の 2 変数の観測値 $(x_i, y_i), i = 1, 2, \ldots, n$ が与えられときの母相関係数の $100 \cdot (1-\alpha)$%信頼区間は次のように構成される．

> ❖ **母相関係数の $100 \cdot (1-\alpha)$%信頼区間**
>
> いま，標本サイズ n の 2 変数の観測値 $(x_i, y_i), i = 1, 2, \ldots, n$ が与えられたときの相関係数を r_{xy} とする．このとき，$100(1-\alpha)$%信頼区間は
> $$\left[\frac{\exp(2a) - 1}{\exp(2a) + 1}, \frac{\exp(2b) - 1}{\exp(2b) + 1}\right]$$
> で与えられる．ここに，
> $$a = \frac{1}{2} \log_e \left(\frac{1 + r_{xy}}{1 - r_{xy}}\right) - \frac{1}{\sqrt{n-3}} \cdot z(\alpha/2),$$
> $$b = \frac{1}{2} \log_e \left(\frac{1 + r_{xy}}{1 - r_{xy}}\right) + \frac{1}{\sqrt{n-3}} \cdot z(\alpha/2)$$
> であり，$z(\alpha/2)$ は，標準正規分布の上側 $100 \cdot (\alpha/2)$ パーセント点である．ここで，$\log_e$ は自然対数である．

たとえば，母相関係数の 95%信頼区間が 0 を含まない場合には，有意水準 $\alpha = 0.05$ での無相関性の検定において有意であることに対応する．また，観測値から得られた相関係数に対する信頼性を示すことができる．標本サイズ $n = 10$ の散布図 (図 9.6(a)) での母相関係数に対する 95%信頼区間は $[0.025, 0.906]$ であり，0 を含まない．点推定値では $r_{xy} = 0.644$ であり，高い相関関係が認められる．しかしながら，標本サイズが少ないため，区間幅が非常に広く，信頼性が高い結果ではないことがわかる．また，標本サイズ $n = 200$ の散布図 (図 9.6(b)) での点推定値は $r_{xy} = 0.141$ であり母相関係数に対する 95%信頼区間は $[0.002, 0.274]$ であり，0 を含まない．区間幅が狭く，信頼性は高いものの，相関関係は低いことがわかる．

例 9.6： 成人男性の体重，摂取カロリー，歩行距離に関するデータにおける，体重と摂取カロリーでの 95%信頼区間を計算する．体重と摂取カロリーに対する相関係数 $r_{xy} = 0.733$ なので，

$$a = \frac{1}{2}\log_e\left(\frac{1+0.733}{1-0.733}\right) - \frac{1}{\sqrt{7-3}} \times 1.96 = -0.045,$$

$$b = \frac{1}{2}\log_e\left(\frac{1+0.733}{1-0.733}\right) + \frac{1}{\sqrt{7-3}} \times 1.96 = 1.915$$

より，母相関係数に対する95%信頼区間は，

$$\text{下側信頼限界}: \frac{\exp\{2\times(-0.435)\}-1}{\exp\{2\times(-0.045)\}+1} = -0.045$$

$$\text{上側信頼限界}: \frac{\exp(2\times 1.915)-1}{\exp(2\times 1.915)+1} = 0.958$$

である．

9.4 章末問題

問題 9.1: あるタクシー会社は，タクシーの使用年数 (年) と 1 ヵ月当たりの燃料費 (千円) のあいだの関係を調べるために，所有している 10 台のタクシーを調査した．下の表は，その調査結果である．

番号	1	2	3	4	5	6	7	8	9	10
年数	5.4	7.3	7.8	9.5	8.3	12.7	2.9	1.5	5.0	6.6
燃料費	71.8	102.0	95.2	84.3	94.3	112.5	70.0	75.6	76.7	77.9

タクシーの使用年数と 1 ヵ月当たりの燃料費の相関係数および 95%信頼区間を求めなさい．

問題 9.2: あるフィットネスジムでは，新たなダイエット・プログラムが開発され，希望する会員に対して実施し，「ダイエットによる体重減少量 (kg)」，「フィットネスジムでの運動時間 (分)」，および「ダイエット前の体重 (kg)」が計測された．「ダイエットによる体重減少量 (kg)」を変数 x，「フィットネスジムでの運動時間 (分)」を変数 y，「ダイエット前の体重 (kg)」を変数 z とするとき，それぞれの変数の組み合わせに対する相関係数は，$r_{xy} = 0.684$, $r_{xz} = 0.485$, $r_{yz} = 0.759$ だった．このとき，「ダイエット前の体重」の影響を除いた，「ダイエットによる体重減少量」と「フィットネスジムでの運動時間」の偏相関係数 $r_{xy \cdot z}$ を求めなさい．

問題 9.3： ある工場で男性作業員のなかから 50 人，女性作業員のなかから 40 人をそれぞれ無作為に抽出し，作業 A に要する時間 x と作業 B に要する時間 y を測定したところ，男性作業員における x と y の相関係数は 0.72，女性作業員における x と y の相関係数は 0.59 だった．母相関係数に性差があるか否かについて，有意水準 0.05 で検定しなさい．

10 単回帰分析

●本章の目標●

1. 相関分析と回帰分析の違いについて理解できる.
2. 単回帰分析の回帰係数を推定できる.
3. 推定された回帰直線の適切性を評価できる.

10.1 回帰分析とは何か

10.1.1 回帰分析の考え方

表 10.1 は, 10 人の高校 1 年生における 1 週間当たりの勉強時間 (時間)(勉強時間) と期末テストにおける数学の点数 (テストの点数) である. 相関係数 $r_{xy} = 0.718$ であることから, 勉強時間と期末テストには, 高い正の相関関係が認められる. したがって, 勉強時間から期末テストの点数を予測できるかも

表 10.1 勉強時間と点数のデータ

番号	1	2	3	4	5	6	7	8	9	10
勉強時間 (時間)	9.0	8.6	9.0	8.1	8.4	9.5	10.3	8.4	7.1	7.8
テストの点数	84	85	94	81	78	86	86	84	73	71

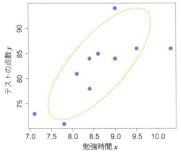

(a) 相関分析の概念図　　(b) 回帰分析の概念図

図 10.1 相関分析と回帰分析の違い

しれない．このように，一方の変数からもう一方の変数を予測する統計的な分析方法を**回帰分析**という．とくに，予測する側の変数が 1 個の場合は**単回帰分析**と呼ばれる．

相関分析と単回帰分析の違いを図 10.1 に示す．ここで，x は勉強時間であり，y はテストの点数である．相関分析とは，2 変数 x, y の関連性 (相関関係) を分析する方法であり，正の相関関係が高いとは，変数 x の値が上がれば，もう一方の変数 y の値が上がる (負の相関関係の場合には下がる) ことを表す (図 10.1(a))．一方で，回帰分析は，変数 x からもう一方の変数 y を予測するための統計モデル (回帰直線) を推定する (図 10.1(b))．

10.1.2 単回帰分析における回帰係数の推定

2 変数 (x, y) が与えられたとき，回帰分析では，

$$y = \beta_0 + \beta_1 x + e$$

という直線式で変数 x から y を予測する．このとき，直線式 $\beta_0 + \beta_1 x$ は**回帰直線**という．そして，e は**誤差**と呼ばれ，y と回帰直線 $\beta_0 + \beta_1 x$ から得られる予測値の差である．また回帰直線の切片 β_0 および傾き β_1 は**回帰係数 (回帰パラメータ)** と呼ばれる．

回帰分析の目標は，変数 x から変数 y を予測するための予測式 (回帰直線) を構成することである．このとき，予測する側の変数 x を**説明変数**，**独立変数**，**入力変数**といい，予測される側の変数 y を**応答変数**，**従属変数**，**出力変数**という．複数の呼び名があるのは，応用される分野によって呼び方が異なるためである．本書では，x を説明変数，y を応答変数と呼ぶことにする．

いま，標本サイズ n の 2 変数の観測値 $(x_i, y_i), i = 1, 2, \ldots, n$ が与えられたとき，i 番目の個体の応答変数の値 y_i の予測値 $\hat{y}_i$ は

$$\hat{y}_i = \hat{\beta}_0 + \hat{\beta}_1 x_i$$

で与えられる．ここで，$\hat{\beta}_0, \hat{\beta}_1$ は，$(x_i, y_i), i = 1, 2, \ldots, n$ から計算された，β_0, β_1 の推定値である．したがって，予測値 $\hat{y}_i$ と実測値 y_i の差は，$\epsilon_i = y_i - \hat{y}_i$ ($i = 1, 2, \ldots, n$) で与えられる．このとき，ϵ_i は**残差**と呼ばれる．ちなみに，残差は，平均 0，分散 σ_E^2 の正規分布 $N(0, \sigma_E^2)$ の実現値であることが仮定されている (つまり，誤差 e は正規分布 $N(0, \sigma_E^2)$ に従う確率変数である)．

回帰分析では，残差 $\epsilon_i, i = 1, 2, \ldots, n$ が標本サイズ n の観測値に対して最小

になるように回帰係数 β_0, β_1 の推定値 $\hat{\beta}_0$, $\hat{\beta}_1$ を計算しなければならない．ただし，誤差 e_i が正負の値をとることから，残差の平方和

$$
\begin{aligned}
U_{\mathrm{E}} &= \sum_{i=1}^{n} e_i^2 \\
&= \sum_{i=1}^{n} \{y_i - (\beta_0 + \beta_1 x_i)\}^2 \\
&= \sum_{i=1}^{n} y_i^2 - 2\beta_0 \sum_{i=1}^{n} y_i - 2\beta_1 \sum_{i=1}^{n} x_i y_i + n\beta_0^2 + 2\beta_0 \beta_1 \sum_{i=1}^{n} x_i + \beta_1^2 \sum_{i=1}^{n} x_i^2
\end{aligned}
$$

を最小にするような，$\hat{\beta}_0$, $\hat{\beta}_1$ を推定することになる．このことは，U_{E} を回帰係数 β_0, β_1 に関して偏微分することで求めることができる．

まず，切片 β_0 は，

$$
\frac{\partial U_{\mathrm{E}}}{\partial \beta_0} = -2 \sum_{i=1}^{n} y_i + 2n\beta_0 + 2\beta_1 \sum_{i=1}^{n} x_i = 0
$$

より，

$$
\beta_0 = \frac{1}{n}\left(\sum_{i=1}^{n} y_i - \beta_1 \sum_{i=1}^{n} x_i\right) = \bar{y} - \beta_1 \bar{x}
$$

である．

次いで，傾き β_1 は，

$$
\begin{aligned}
\frac{\partial U_{\mathrm{E}}}{\partial \beta_1} &= -2 \sum_{i=1}^{n} x_i y_i + 2\beta_0 \sum_{i=1}^{n} x_i + 2\beta_1 \sum_{i=1}^{n} x_i^2 \\
&= 2\left[-\sum_{i=1}^{n} x_i y_i + \frac{1}{n}\left(\sum_{i=1}^{n} x_i\right)\left(\sum_{i=1}^{n} y_i\right) + \beta_1 \left\{\sum_{i=1}^{n} x_i^2 - \frac{1}{n}\left(\sum_{i=1}^{n} x_i\right)^2\right\}\right] \\
&= 0
\end{aligned}
$$

より，

$$
\beta_1 = \frac{\displaystyle\sum_{i=1}^{n} x_i y_i - \frac{1}{n}\left(\sum_{i=1}^{n} x_i\right)\left(\sum_{i=1}^{n} y_i\right)}{\displaystyle\sum_{i=1}^{n} x_i^2 - \frac{1}{n}\left(\sum_{i=1}^{n} x_i\right)^2} = \frac{\displaystyle\sum_{i=1}^{n}(x_i - \bar{x})(y_i - \bar{y})}{\displaystyle\sum_{i=1}^{n}(x_i - \bar{x})^2}
$$

である．ちなみに，このような回帰係数の推定の方法を，**最小 2 乗法**という．

これらを整理すると，回帰係数 β_0, β_1 の推定値 $\hat{\beta}_0$, $\hat{\beta}_1$ は，次のように計算

できる．

> ❖**回帰係数 β_0, β_1 の推定**
>
> いま，標本サイズ n の 2 個の観測量 $(x_i, y_i), i = 1, 2, \ldots, n$ が与えられたとき，切片 β_0 の最小 2 乗推定量 $\hat{\beta}_0$ は
>
> $$\hat{\beta}_0 = \frac{1}{n}\left(\sum_{i=1}^{n} y_i - \hat{\beta}_1 \sum_{i=1}^{n} x_i\right) = \bar{y} - \hat{\beta}_1 \bar{x} \tag{10.1}$$
>
> である．
> また，傾き β_1 の最小 2 乗推定量 $\hat{\beta}_1$ は
>
> $$\hat{\beta}_1 = \frac{\sum_{i=1}^{n} x_i y_i - \frac{1}{n}\left(\sum_{i=1}^{n} x_i\right) \cdot \left(\sum_{i=1}^{n} y_i\right)}{\sum_{i=1}^{n} x_i^2 - \frac{1}{n}\left(\sum_{i=1}^{n} x_i\right)^2} = \frac{\sum_{i=1}^{n}(x_i - \bar{x})(y_i - \bar{y})}{\sum_{i=1}^{n}(x_i - \bar{x})^2} \tag{10.2}$$
>
> である．

手計算で回帰係数を推定する場合には，$\sum_{i=1}^{n} x_i, \sum_{i=1}^{n} y_i \sum_{i=1}^{n} x_i^2, \sum_{i=1}^{n} x_i y_i$ を計算したうえで，式 (10.1) および式 (10.2) の真ん中の数式を用いたほうが計算が楽である．

ちなみに，相関分析の場合には，2 変数 x, y の順番を入れ替えても相関係数 r_{xy} と r_{yx} は同じであった．他方，回帰分析の場合には，説明変数 x と応答変数 y の順番を入れ替えると，回帰直線が変化する．説明変数 x から応答変数 y を予測する場合の回帰分析では，残差 $\epsilon_i = y_i - \hat{y}_i$ の平方和 $\sum_{i=1}^{n} \epsilon_i^2$ を最小化するように回帰係数が推定される．これに対して，説明変数 y から応答変数 x を予測する場合には，残差 $\epsilon'_i = x_i - \hat{x}_i$ の平方和 $\sum_{i=1}^{n} \epsilon_i'^2$ を最小にするように回帰係数を推定する．このとき，ϵ_i の残差平方和 $\sum_{i=1}^{n} \epsilon_i^2$ を最小にする回帰直線と，ϵ'_i の残差平方和 $\sum_{i=1}^{n} \epsilon_i'^2$ を最小にする回帰直線は異なる．すなわち，x から y を

表 10.2　勉強とテストのデータにおける回帰係数の計算

番号	勉強時間 x	テストの点数 y	x_i^2	$x_i y_i$
1	9.0	84	81.0	756.0
2	8.6	85	74.0	731.0
3	9.0	94	81.0	846.0
4	8.1	81	65.6	656.1
5	8.4	78	70.6	655.2
6	9.5	86	90.3	817.0
7	10.3	86	106.1	885.8
8	8.4	84	70.6	705.6
9	7.1	73	50.4	518.3
10	7.8	71	60.8	553.8
合計	86.2	822.0	750.3	7124.8

予測する推定結果と y から x を予測する逆推定の結果は一致しない．

例 10.1：先ほどの勉強時間とテストの点数のデータを用いて回帰係数を推定する．表 10.1 より，説明変数 x_i の 2 乗 x_i^2 および説明変数と応答変数の積 $x_i y_i$ は，表 10.2 のように与えられる．すなわち，

$$\sum_{i=1}^{n} x_i = 86.2, \quad \sum_{i=1}^{n} y_i = 822.0, \quad \sum_{i=1}^{n} x_i^2 = 750.3, \quad \sum_{i=1}^{n} x_i y_i = 7124.8$$

である．よって，傾き β_1 の推定値 $\hat{\beta}_1$ は，式 (10.2) を用いることで

$$\hat{\beta}_1 = \frac{7124.8 - 86.2 \times 822.0/10}{750.3 - 86.2^2/10} = 5.40$$

であり，切片 β_0 の推定値 $\hat{\beta}_0$ は，

$$\hat{\beta}_0 = \frac{1}{10}\left(822.0 - 5.40 \times 86.2\right) = 35.65$$

である．

図 10.2 は，勉強時間とテストのデータの散布図に対して単回帰分析の結果を当てはめたものである．ここで，●は，データ点 (x_i, y_i) であり，■は，推定された回帰直線による予測値 $\hat{y}$ である．そして，- - の長さが残差 $\epsilon_i = y_i - \hat{y}_i$ である．つまり，単回帰分析では，●の平方和が最小になるように直線を当てはめている．

推定された回帰直線による予測値 $\hat{y}$ の方法について説明する．説明変数の任意の値 x^* が与えられたときの応答変数の予測値 $\hat{y}^*$ は

$$\hat{y}^* = 35.65 + 5.40 x^*$$

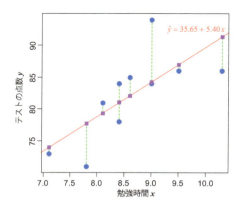

図 10.2 勉強時間とテストのデータに対する単回帰分析の結果

で与えられる．たとえば，$x^* = 6.0, y^* = 65.0$ のときの予測値 $\hat{y}^*$ は

$$\hat{y}^* = 35.65 + 5.40 \times 6.0 = 68.05$$

であることから，残差 ϵ^* は，

$$\epsilon^* = \hat{y}^* - y^* = 68.05 - 65 = 3.05$$

である．

10.2 回帰直線の適合度の評価

ここでは，推定された回帰直線の当てはまりのよさ (適合度) を評価するための統計量として寄与率について説明する．次いで，推定された回帰直線が適切に当てはまっているか否かを検定する方法として回帰の分散分析 (F 検定) を解説する．

10.2.1 寄与率

いま，標本サイズ n の 2 変数の観測値 $(x_i, y_i), i = 1, 2, \ldots, n$ が与えられたとき，推定された回帰直線から計算された y_i の予測値を $\hat{y}_i = \hat{\beta}_0 + \hat{\beta}_1 x_i$ とする．そして，実測値 y_i，予測値 $\hat{y}_i$ および残差 $\epsilon_i = y_i - \hat{y}_i$ のそれぞれの平方和を

$$SS_\mathrm{T} = \sum_{i=1}^{n}(y_i - \bar{y})^2, \quad SS_\mathrm{R} = \sum_{i=1}^{n}(\hat{y}_i - \bar{y})^2, \quad SS_\mathrm{E} = \sum_{i=1}^{n}\epsilon_i^2$$

とするとき ($\bar{y}$ は y_i の平均値 $\bar{y} = \dfrac{1}{n}\sum_{i=1}^{n} y_i$ である)．SS_T は**総変動**，SS_R は回

表 10.3 勉強とテストのデータにおける寄与率の計算

番号	x	y	$\hat{y}_i$	ϵ_i	$(y_i - \bar{y})^2$	$(\hat{y}_i - \bar{y})^2$
1	9.0	84	84.25	−0.25	3.24	4.20
2	8.6	85	82.09	2.91	7.84	0.01
3	9.0	94	84.25	9.75	139.24	4.20
4	8.1	81	79.39	1.61	1.44	7.90
5	8.4	78	81.01	−3.01	17.64	1.42
6	9.5	86	86.95	−0.95	14.44	22.56
7	10.3	86	91.27	−5.27	14.44	82.26
8	8.4	84	81.01	2.99	3.24	1.42
9	7.1	73	73.99	−0.99	84.64	67.40
10	7.8	71	77.77	−6.77	125.44	19.62
合計	−	−	−	−	411.60	210.99

帰変動,および SS_E は**残差変動**と呼ばれる.このとき,それぞれの変動には次の関係

$$SS_\text{T} = SS_\text{R} + SS_\text{E} \tag{10.3}$$

がある.このような関係式のことを**回帰分析の変動分解** (あるいは単に**変動分解**) という.このとき,回帰変動 SS_R は推定された回帰直線が当てはまっている度合いを表しており,残差変動 SS_E は推定された回帰直線が当てはまっていない度合いを表す.

回帰変動が総変動に占める割合を計算することで,推定された回帰直線の適合度を要約した指標が**寄与率** (**決定係数**) である.したがって,寄与率は

$$R^2 = \frac{SS_\text{R}}{SS_\text{T}} = 1 - \frac{SS_\text{E}}{SS_\text{T}} \tag{10.4}$$

である.寄与率は,パーセントの形式 ($R^2 \times 100(\%)$) で表すこともある.つまり,寄与率は推定された回帰直線が,応答のどのくらいの割合 (何パーセント) を説明しているかを表す.寄与率 R^2 の範囲は 0 から 1 であり,1 に近づくほどよく当てはまっていると解釈される.

例 10.2: 先ほどの勉強時間とテストのデータにおいて,推定された回帰直線の寄与率 R^2 を推定する.表 10.3 は,総変動 SS_T,回帰変動 SS_R,および残差変動 SS_E を計算するために作成したものである.ここで,応答 y の平均値 $\bar{y} = 82.2$ である.

$SS_\text{T} = 411.60, SS_\text{R} = 210.99$ より,寄与率 R^2 は,式 (10.4) を用いることで,

$$R^2 = \frac{210.99}{411.60} = 0.513$$

である.したがって,推定された回帰直線は,応答 y に対して 51.3 パーセントの説明能力があることがわかる.

ちなみに,応答 y_i と予測値 $\hat{y}_i$ の相関係数 $r_{y\hat{y}} = 0.718$ である.$r_{y\hat{y}}^2 = 0.515$ であることから,寄与率 R^2 とほぼ一致する (0.002 の差は手計算での四捨五入による丸め誤差のためであり,数理的には完全に一致する).すなわち,寄与率 R^2 は,y と $\hat{y}$ の相関係数の 2 乗値に一致する.

10.2.2 回帰分析における分散分析 (F 検定)

寄与率は,推定された回帰直線 $\hat{y} = \hat{\beta}_0 + \hat{\beta}_1 x$ が応答 y に対して,どの程度の説明能力があるかを表す統計量である.他方,寄与率による評価では,推定された回帰直線に意味があるか否か (すなわち,適切に当てはまっているか) の判断はできない.このような,判断を行うための方法が,**F 検定**である.

F 検定は,寄与率のなかで用いられた回帰の変動分解 (式 (10.3)) を応用することで構成される.表 10.4 は,F 検定における検定統計量 F_0 の計算のために作成されるものであり,これを**分散分析表**といい,検定統計量 F_0 は,**F 値**という.

> ❖F 検定
>
> いま,推定された回帰直線 $\hat{y} = \hat{\beta}_0 + \hat{\beta}_1 x$ が与えられたとき,そのあてはまりを評価するための F 検定の仮説は,
>
> 帰無仮説 H_0:回帰直線に意味がない
>
> 対立仮説 H_1:回帰直線に意味がある
>
> である.このとき,表 10.4 を用いて計算された F 値 (検定統計量)F_0 は,帰無仮説のもとで,自由度 $(1, \nu_E)$ の F 分布に従う.

表 10.4 回帰分析における分散分析表

変動	平方和	自由度	不偏分散	F 値
回帰変動	SS_R	$\nu_R = 1$	$V_R = SS_R$	$F_0 = V_R/V_E$
残差変動	SS_E	$\nu_E = n-2$	$V_E = SS_E/\nu_E$	
総変動	SS_T	$\nu = n-1$		

表 10.5 勉強時間とテストのデータにおける推定された回帰直線の分散分析表

変動	平方和	自由度	不偏分散	F 値
回帰変動	210.99	1	210.99	8.413
残差変動	200.61	8	25.08	
総変動	411.60	9		

有意水準 α における F 値 F_0 の棄却限界値は,自由度 $(1, n-2)$ の F 分布の上側 $100 \cdot \alpha$ パーセント点 $F_{1,n-2}(\alpha)$ ($\alpha/2$ ではないことに注意) を F 分布表を用いて探せばよい.そして,$F_0 \leq F_{1,n-2}(\alpha)$ ならば帰無仮説を受容する (有意でない).$F_0 > F_{1,n-2}(\alpha)$ ならば,帰無仮説を棄却して対立仮説を支持する (有意である).

例 10.3: 先ほどの勉強時間とテストのデータにおいて,推定された回帰直線の F 検定を行う.帰無仮説 H_0 および帰無仮説 H_1 は,

帰無仮説 H_0 : 回帰直線に意味がない

対立仮説 H_1 : 回帰直線に意味がある

である.

F 値 F_0 を計算するために,分散分析表を計算する.総平方和 SS_T,回帰平方和 SS_R および SS_E は,表 10.3 の結果を用いることで,

$$SS_T = 411.60, \quad SS_R = 210.99, \quad SS_E = SS_T - SS_R = 200.61$$

である.分散分析表は,表 10.5 のように構成されることから,$F_0 = 8.413$ である.F 値 F_0 の棄却限界値は,自由度 $(1, 8)$ の F 分布の上側 2.5 パーセント点 $F_{1,8}(0.05)$ で,F 分布表より $F_{1,8}(0.05) = 7.571$ である.$F_0 > F_{1,8}(0.05)$ なので,帰無仮説 H_0 が棄却され,対立仮説 H_1 が支持される.したがって,推定された回帰直線に意味があることが認められた.

10.3 回帰係数に対する区間推定

前節では,推定された回帰直線に対する適切性を評価した.本節および次節では,回帰係数 β_0, β_1 の推定値 $\hat{\beta}_0, \hat{\beta}_1$ に対する統計的推測を説明する.

回帰分析において,回帰係数 β_0, β_1 の最小 2 乗推定量 (式 (10.1) および式 (10.2)) は統計量であり,推定値 $\hat{\beta}_0, \hat{\beta}_1$ は,回帰係数 β_0, β_1 の点推定値である.また,それぞれの回帰係数 β_0, β_1 は,t 分布に従うことから,回帰係数 β_0, β_1 の区間推定を行うことができる.

10.3.1 切片 β_0 に対する区間推定

切片 β_0 に対する $100(1-\alpha)\%$ 信頼区間の方法を説明する.いま,回帰直線 $y = \beta_0 + \beta_1 x$ の切片 β_0 の点推定値を $\hat{\beta}_0$ とする.

このとき,切片 β_0 に対する $100 \cdot (1-\alpha)\%$ 信頼区間は,次のように与えられる.

> ❖ **切片 β_0 に対する $100 \cdot (1-\alpha)\%$ 信頼区間**
>
> いま,切片 β_0 の点推定値 (最小 2 乗推定値) を $\hat{\beta}_0$ とするとき,切片 β_0 に対する $100(1-\alpha)\%$ 信頼区間は,
>
> $$\left[\hat{\beta}_0 - t_{n-2}(\alpha/2) \cdot s_e \cdot \sqrt{\frac{1}{n} + \frac{\bar{x}^2}{\sum_{i=1}^n (x_i - \bar{x})^2}}, \right.$$
>
> $$\left. \hat{\beta}_0 + t_{n-2}(\alpha/2) \cdot s_e \cdot \sqrt{\frac{1}{n} + \frac{\bar{x}^2}{\sum_{i=1}^n (x_i - \bar{x})^2}} \right] \quad (10.5)$$
>
> で与えられる.ここで,$\bar{x} = \frac{1}{n} \sum_{i=1}^n x_i$ であり,$t_{n-2}(\alpha/2)$ は自由度 $n-2$ の t 分布の上側 $100 \cdot (\alpha/2)$ パーセント点である.さらに,s_e は,残差分散
>
> $$s_e^2 = \frac{1}{n-2} \sum_{i=1}^n (y_i - \hat{y}_i)^2 = \frac{SS_\mathrm{E}}{n-2}$$
>
> より $s_e = \sqrt{s_e^2}$ で与えられる.

例 10.4:先ほどの勉強時間とテストのデータにおいて,切片 β_0 に対する 95% 信頼区間を計算する.説明変数 x_i の平均値 $\bar{x} = 8.62$ より,

$$\sum_{i=1}^n (x_i - \bar{x})^2 = (9.0 - 8.62)^2 + (8.6 - 8.62)^2 + \cdots + (7.8 - 8.62)^2$$

$$= 0.14 + 0.00 + \cdots + 0.67 = 7.22$$

であり,残差分散 s_e^2 は,$SS_\mathrm{E} = 200.61$ より,$s_e^2 = 200.61/(10-2) = 25.08$

なので，$s_e = \sqrt{25.08} = 5.01$ である．さらに，自由度 $10-2$ の t 分布における上側 2.5 パーセント点 $t_8(0.025)$ は，t 分布表より，$t_8(0.025) = 2.306$ である．切片の点推定値 $\hat{\beta}_0 = 35.65$ なので，切片 β_0 に対する 95%信頼区間は，

$$\text{下側信頼限界}：35.65 - 2.306 \times 5.01 \sqrt{\frac{1}{10} + \frac{8.62^2}{7.22}} = -1.59$$

$$\text{上側信頼限界}：35.65 + 2.306 \times 5.01 \sqrt{\frac{1}{10} + \frac{8.62^2}{7.22}} = 72.89$$

より，$[-1.59, 72.89]$ である．

10.3.2　傾き β_1 に対する区間推定

傾き β_1 に対する $100 \cdot (1-\alpha)$% 信頼区間の方法を説明する．いま，回帰直線 $y = \beta_0 + \beta_1 x$ の傾き β_1 の点推定値を $\hat{\beta}_1$ とする．

このとき，傾き β_1 に対する $100 \cdot (1-\alpha)$% 信頼区間は，次のように与えられる．

❖傾き β_1 に対する $100 \cdot (1-\alpha)$% 信頼区間

いま，傾き β_1 の点推定値 (最小 2 乗推定値) を $\hat{\beta}_1$ とするとき，傾き β_1 に対する $100(1-\alpha)$% 信頼区間は，

$$\left[\hat{\beta}_1 - \frac{t_{n-2}(\alpha/2) \cdot s_e}{\sqrt{\sum_{i=1}^{n}(x_i - \bar{x})^2}},\ \hat{\beta}_1 + \frac{t_{n-2}(\alpha/2) \cdot s_e}{\sqrt{\sum_{i=1}^{n}(x_i - \bar{x})^2}} \right] \quad (10.6)$$

で与えられる．ここで，説明変数 x の平均 $\bar{x}$，残差標準偏差 s_e，自由度 $n-2$ の t 分布の上側 $100 \cdot (\alpha/2)$ パーセント点 $t_{n-2}(\alpha/2)$ は，切片 β_0 の $100 \cdot (1-\alpha)$% 信頼区間の場合と同じである．

例 10.5：先ほどの勉強時間とテストのデータにおいて，傾き β_1 に対する 95%信頼区間を計算する．説明変数の偏差平方和 $\sum_{i=1}^{n}(x_i - \bar{x})^2 = 7.22$，残差標準偏差 $s_e = \sqrt{25.08} = 5.01$ および，自由度 $10-2$ の t 分布における上側 2.5%点 $t_8(0.025) = 2.306$ より (具体的な計算は，切片 β_0 に対する 95%信頼区間の例

示を参照).傾き β_1 の点推定値 $\hat{\beta}_1 = 5.40$ なので,傾き β_1 に対する 95%信頼区間は,

$$下側信頼限界: 5.40 - \frac{2.306 \times 5.01}{\sqrt{7.22}} = 1.10$$

$$上側信頼限界: 5.40 + \frac{2.306 \times 5.01}{\sqrt{7.22}} = 9.70$$

より,[1.10, 9.70] である.

10.4 回帰係数に対する検定

前節では,回帰係数 β_0, β_1 の区間推定の方法について述べた.ここでは,回帰係数 β_0, β_1 のそれぞれに意味があるか否かを検定する方法について述べる.回帰係数 β_0, β_1 に「意味がある」か否かとは,真の回帰係数 (母回帰係数) が 0 であるか否かを検定することを意味する.

10.4.1 切片 β_0 に対する検定

切片 β_0 に対する検定について説明する.切片 β_0 に対する検定の帰無仮説 H_0 および対立仮説 H_1 は,

$$帰無仮説 H_0 : \beta_0 = 0 \ (切片 \beta_0 は意味がない)$$

$$対立仮説 H_1 : \beta_0 \neq 0 \ (切片 \beta_0 は意味がある)$$

である.このとき,検定統計量 t_0 および帰無分布は,次のように構成される.

❖切片 β_0 に対する検定

切片 β_0 に対する検定の検定統計量 t_0 は,

$$t_0 = \frac{\hat{\beta}_0}{s_e \sqrt{\frac{1}{n} + \frac{\bar{x}^2}{\sum_{i=1}^{n}(x_i - \bar{x})^2}}} \tag{10.7}$$

で与えられる.ここで,$\bar{x}$ は説明変数 x の平均 $\bar{x} = \frac{1}{n}\sum_{i=1}^{n} x_i$,$\hat{\beta}_0$ は切片 β_0 の点推定値であり,s_e は,残差分散

$$s_e^2 = \frac{1}{n-2}\sum_{i=1}^{n}(y_i - \hat{y}_i)^2 = \frac{SS_\mathrm{E}}{n-2}$$

より，$s_e = \sqrt{s_e^2}$ で与えられる．検定統計量 t_0 は，帰無仮説 H_0 のもとで，自由度 $n-2$ の t 分布に従う．

有意水準 α のもとでの切片 β_0 に対する検定の棄却限界値は，自由度 $n-2$ の t 分布の上側 $100 \cdot (\alpha/2)$ パーセント点 $t_{n-2}(\alpha/2)$ を t 分布表により得られる．したがって，切片 β_0 に対する検定における評価は，第 6 章および第 7 章の仮説検定における両側対立仮説での評価と同様の方法で行う．したがって，$|t_0| \leq t_{n-2}(\alpha/2)$ ならば帰無仮説を受容する (有意でない)．$|t_0| > t_{n-2}(\alpha/2)$ ならば，帰無仮説を棄却して対立仮説を支持する (有意である)．

例 10.6： 先ほどの勉強時間とテストのデータにおいて，切片 β_0 に対する検定を行う．切片 β_0 に対する検定の帰無仮説 H_0 および対立仮説 H_1 は，

$$\text{帰無仮説 } H_0 : \beta_0 = 0, \quad \text{対立仮説 } H_1 : \beta_0 \neq 0$$

である．

次いで，検定統計量 t_0 を計算する．説明変数 x_i の平均値 $\bar{x} = 8.62$ より，

$$\sum_{i=1}^{n}(x_i - \bar{x})^2 = (9.0 - 8.62)^2 + (8.6 - 8.62)^2 + \cdots + (7.8 - 8.62)^2$$
$$= 0.14 + 0.00 + \cdots + 0.67 = 7.22$$

であり，残差分散 s_e^2 は，$SS_E = 200.61$ より，$s_e^2 = 200.61/(10-2) = 25.08$ である．

切片の点推定値 $\hat{\beta}_0 = 35.65$ であることから，検定統計量 t_0 は，式 (10.7) を用いることで，

$$t_0 = \frac{35.65}{5.01\sqrt{\dfrac{1}{10} + \dfrac{8.62^2}{7.22}}} = 2.207$$

である．

検定統計量は帰無仮説 H_0 のもとで自由度 $\nu = 10 - 2 = 8$ の t 分布に従うので，t 分布表より棄却限界値 $t_8(0.025) = 2.306$ である．つまり，$|t_0| < t_8(0.025)$ であることから，帰無仮説 H_0 が受容される (有意でない)．したがって，切片 β_0 が 0 でない (β_0 に意味がある) という根拠は得られなかった．

10.4.2 傾き β_1 に対する検定

傾き β_1 に対する検定について説明する．傾き β_1 に対する検定の帰無仮説 H_0

および対立仮説 H_1 は，

$$\text{帰無仮説 } H_0 : \beta_1 = 0 \text{ (傾き} \beta_1 \text{は意味がない)}$$
$$\text{対立仮説 } H_1 : \beta_1 \neq 0 \text{ (傾き} \beta_1 \text{は意味がある)}$$

である．このとき，検定統計量 t_0 および帰無分布は，次のように構成される．

❖傾き β_1 に対する検定

傾き β_1 に対する検定の検定統計量 t_0 は，

$$t_0 = \frac{\hat{\beta}_1 \sqrt{\sum_{i=1}^{n}(x_i - \bar{x})^2}}{s_e} \tag{10.8}$$

で与えられる．ここで，$\hat{\beta}_1$ は，傾き β_1 の点推定値であり，説明変数 x の平均 $\bar{x}$，残差標準偏差 s_e は，切片 β_0 の検定の場合と同じである．

検定統計量 t_0 は，帰無仮説 H_0 のもとで，自由度 $n-2$ の t 分布に従う．

有意水準 α のもとでの傾き β_1 に対する検定の棄却限界値は，切片 β_0 の場合と同様の方法で計算できる．

例 10.7： 先ほどの勉強時間とテストのデータにおいて傾き β_1 に対する検定を行う．傾き β_1 に対する検定を行う．このとき，帰無仮説 H_0 および対立仮説 H_1 は，

$$\text{帰無仮説 } H_0 : \beta_1 = 0 \text{ (傾き} \beta_1 \text{には意味がない)},$$
$$\text{対立仮説 } H_1 : \beta_1 \neq 0 \text{ (傾き} \beta_1 \text{には意味がある)}$$

である．

説明変数の偏差平方和 $\sum_{i=1}^{n}(x_i - \bar{x})^2 = 7.22$，残差分散 $s_e^2 = 25.08$ および，傾きの点推定値 $\hat{\beta}_1 = 5.40$ なので (具体的な計算は，切片 β_0 に対する検定を参照)，検定統計量 t_0 は，式 (10.8) を用いることで，

$$t_0 = \frac{5.40\sqrt{7.22}}{\sqrt{25.08}} = 2.896$$

である．

検定統計量は帰無仮説 H_0 のもとで自由度 $\nu = 10 - 2 = 8$ の t 分布に従うので、t 分布表より棄却限界値 $t_8(0.025) = 2.306$ である。つまり、$|t_0| > t_8(0.025)$ であることから、帰無仮説 H_0 が棄却され、対立仮説 H_1 が支持される (有意である)。したがって、回帰係数の傾き β_1 が 0 でない (β_1 に意味がある) ことが示された.

10.5 章末問題

問題 10.1: あるタクシー会社は、タクシーの使用年数 (年) と 1 ヵ月当たりの燃料費 (千円) のあいだの関係を調べるために、所有している 10 台のタクシーを調査した。下の表は、その調査結果である。

番号	1	2	3	4	5	6	7	8	9	10
年数	5.4	7.3	7.8	9.5	8.3	12.7	2.9	1.5	5.0	6.6
燃料費	71.8	102.0	95.2	84.3	94.3	112.5	70.0	75.6	76.7	77.9

(1) タクシーの使用年数を説明変数 x、燃料費を応答 y としたもとで回帰直線を推定しなさい.
(2) 推定された回帰直線に対する F 検定を行うとともに寄与率を計算しなさい.
(3) 傾き、切片の回帰係数に意味があるか (回帰係数が 0 でないか) を検定しなさい.

11 総合演習

問題 1 次の項目 (変数) の尺度を答えなさい．
(1) 英語の成績を A,B,C,D で通知表に記載した結果
(2) ある幼稚園での園児が好きな色
(3) 任意のテレビの家電量販店での販売価格
(4) ある高校でのマラソン大会の順位

問題 2 次の表は，ある大学の工学部 電気学科の学生 30 名の数学のテストの成績である．

85	36	88	78	75	89	81	82	56	64
43	71	84	99	78	74	69	57	91	73
76	83	65	79	91	68	78	72	90	74

このデータについて，以下の問いに答えなさい．
(1) 中央値および四分位範囲を求めなさい．
(2) 30 点台から 90 点台までを 10 点ごとの級分けを行った度数分布表を作成し，ヒストグラムを描写しなさい．そして，ヒストグラムの形状を解釈しなさい．
(3) 度数分布表およびヒストグラムの解釈として，次の (a)〜(d) のなかから適切でないものを選びなさい．
  (a) 60 点未満を落第点とするとき，全体の約 13 パーセントが落第点をとっている．
  (b) 80 点以上を A 判定とするとき，全体の約 17 パーセントが A 判定をとっている．
  (c) 全体の半分以上の学生が 70 点以上の点数をとっている．
  (d) 70 点台の点数をとっている学生の割合は約 37 パーセントである．

問題 3 次の表は，週齢 5 週間での 2 種類のマウス (マウス A，マウス B) の体重 (g) を表している．

マウス A	117	50	90	145	92	100	104
	161	78	112	114			
マウス B	143	102	153	90	114	122	173
	134	119	98	131	105	128	137

このデータについて，以下の問いに答えなさい．
(1) マウスの種類によって平均体重に違いがあるだろうか．母分散が等しいとしたもとで，有意水準 $\alpha = 0.05$ のもとで検定しなさい．
(2) マウスの種類によって体重の散らばり (分散) に違いがあるだろうか．有意水準 $\alpha = 0.05$ のもとで検定しなさい．

問題 4 次の表は，ある製菓メーカーが作成した試作品に対する官能試験の結果に対する 2×2 クロス集計表である．

	おいしい	おいしくない	合計
女性	321	102	423
男性	279	127	406
合計	600	229	829

このクロス集計表について，以下の問いに答えなさい．
(1) 女性のうちでおいしいと回答した割合，および男性のうちでおいしいと回答した割合を計算しなさい．
(2) 試作品について，女性のほうが男性に比べて何倍おいしいと回答しているかをオッズ比で表し，その 95％信頼区間を計算しなさい．
(3) 性別によって試作品の好みに違いがあるだろうか．カイ 2 乗検定を用いて有意水準 0.05 のもとで検定しなさい．

問題 5 次の表は，あるラーメンチェーンの 1 ヵ月当たりの売上高 (万円)，店舗周辺の人口 (百人)，および店舗前の 1 日当たりの自動車の交通量 (百台) を表している．

店舗	売上高 (万円)	人口 (百人)	交通量 (百台)
A	19.4	160.6	13.4
B	18.2	121.1	12.1
C	16.5	106.9	9.3
D	20.2	118.3	10
E	31.6	153.1	14.4
F	15.9	89.1	12
G	9.0	39.4	3.1
H	12.1	120.3	10.9
I	32.6	161.9	15.4
J	24.3	124.1	10.8

このデータについて，以下の問いに答えなさい．

(1) それぞれの変数の組み合わせでの相関係数，および人口とその他の変数の間の相関関係を除いた売上高と交通量の偏相関係数を計算しなさい．

(2) 売上高と人口の相関係数に対する無相関性の検定，および95%信頼区間を計算しなさい．

(3) 人口を説明変数，売上高を応答変数としたときの回帰直線を推定しなさい．

(4) (3)で推定された回帰直線に対するF検定を行うとともに寄与率を計算しなさい．

(5) (3)で推定された回帰直線の傾きが0であるか否かを検定し，95%信頼区間を計算しなさい．

章末問題の解答

第 1 章

問題 1.1 (1) 比例尺度 (2) 名義尺度 (3) 間隔尺度 (4) 順序尺度

問題 1.2 (1) ○ (2) ○ (3) × (4) × (5) ×

問題 1.3 (1)：平均値 $\bar{x}$ は
$$\bar{x} = \frac{348 + 152 + 418 + 872 + 512 + 819 + 176 + 111 + 238 + 888}{10}$$
$$= \frac{4534}{10} = 453.4$$
である．中央値の番号 m は，
$$m = 5.5$$
である．データを昇順に並べ替えたときの 5 番目の値 $x_{(5)} = 348$ および 6 番目の値 $x_{(6)} = 418$ より，中央値 $\tilde{x}$ は，
$$\tilde{x} = \frac{348 + 418}{2} = 383$$
である．

(2) 偏差 $x_i - \bar{x}$ および偏差の 2 乗値 $(x_i - \bar{x})^2$ を求める．

	茨城	栃木	群馬	埼玉	千葉
x_i	348.00	152.00	418.00	872.00	512.00
$x_i - \bar{x}$	-105.40	-301.40	-35.40	418.60	58.60
$(x_i - \bar{x})^2$	11109.16	90841.96	1253.16	175225.96	3433.96

	神奈川	新潟	山梨	長野	静岡
x_i	819.00	176.00	111.00	238.00	888.00
$x_i - \bar{x}$	365.60	-277.40	-342.40	-215.40	434.60
$(x_i - \bar{x})^2$	133663.36	76950.76	117237.76	46397.16	188877.16

上記より，分散 S^2 は
$$S^2 = \frac{1}{10}(11109.16 + 90841.96 + \cdots + 188877.16) = \frac{844990.4}{10}$$
$$= 84499.04$$

である.

また, 標準偏差 S は
$$S = \sqrt{S^2} = 290.687$$
である.

(3) 第 1 四分位点の番号 m_1 および第 3 四分位点の番号 m_3 は, それぞれ
$$m_1 = 3.25, \quad m_3 = 7.75$$
である. $x_{(3)} = 176$ および $x_{(4)} = 238$ より, 第 1 四分位点 Q_1 は
$$Q_1 = (1 - 0.25) \times 176 + 0.25 \times 238 = 191.5$$
また, $x_{(7)} = 512$ および $x_{(4)} = 819$ より, 第 3 四分位点 Q_3 は
$$Q_3 = (1 - 0.75) \times 512 + 0.75 \times 819 = 742.25$$
なので, 四分位範囲 IQR は
$$IQR = 742.25 - 191.5 = 550.75$$
である.

問題 1.4 (1) 四分位点範囲あるいは範囲　(2) 中央値　(3) 平均より小さい値

問題 1.5 (1) 標準化の公式は $z = \frac{x - \bar{x}}{S}$ なので
$$z_{線形代数} = \frac{72 - 68}{10} = 0.400, \quad z_{統計学} = \frac{63 - 61}{15} = 0.133$$
である.

(2) $z_{線形代数} > z_{統計学}$ なので, 線形代数のほうが優秀な成績を収めた.

第 2 章

問題 2.1 (1) カッコ内の数値を記入した度数分布表を以下に示す.

	度数	相対度数
アニメ	31	(0.176)
恋愛	32	(0.182)
アクション	52	(0.295)
ＳＦ	48	(0.273)
その他	13	(0.074)
合計	176	1.000

(2) アンケートにおける好きなジャンルは，名義尺度である．そのため，度数が小さい順あるいは大きい順にカテゴリを並べ替えたほうが解釈が平易になる．

(3) 正解は (b)．

問題 2.2 (1) カッコ内の数値を記入した度数分布表を以下に示す．

区間 (日)	度数	相対度数	累積度数	累積相対度数
0 日以上 10 日未満	11	(0.040)	(11)	(0.040)
10 日以上 20 日未満	10	(0.036)	(21)	(0.076)
20 日以上 30 日未満	35	(0.127)	(56)	(0.204)
30 日以上 40 日未満	99	(0.360)	(155)	(0.564)
40 日以上 50 日未満	89	(0.324)	(244)	(0.887)
50 日以上 60 日未満	31	(0.113)	(275)	(1.000)
合計	275			

(2) ヒストグラムは下図のようになる．

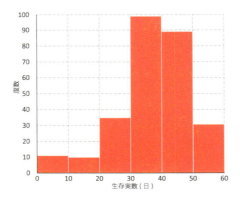

その結果，右に歪んだ分布に従っていた．

(3) 度数分布表に基づく平均値 $\bar{x}$ は

$$\bar{x} = 0.040 \times 5 + 0.036 \times 15 + 0.127 \times 25 + 0.360 \times 35 + 0.324 \times 45$$
$$+ 0.113 \times 55$$
$$= 37.29$$

である．

問題 2.3 ヒストグラムより，このデータの分布は左に歪んだ形状を示している．この形状を現したボックスプロットは，(c) である．

問題 2.4

(1) 正解は (d). 1933 年と 1934 年の指数が 100 パーセントを下回っていることから, 牛肉価格は前年に比べて減少している. そのため, (d) が誤りである.

(2) 幾何平均は,

$$\bar{r} = \big(100.0 \times 105.5 \times 118.9 \times 118.9 \times 124.3 \times 120.8$$
$$\times 132.3 \times 122.4 \times 117.6 \times 137.7 \times 114.6 \times 122.3\big)^{1/12} = 119.203$$

である.

第 3 章

問題 3.1 いま, 表を H (Head), 裏が出る事象を T (Tail) とし, 3 回のコイン投げにおける全事象を図示すると

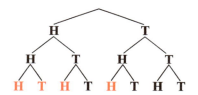

になる. この図は, **樹形図**と呼ばれる. 樹形図より全事象の場合の数 $n(U)$ は $n(U) = 8$ である. これに対して, 2 回以上表が出る事象 A は, 樹形図において赤色で表しており, $n(A) = 4$ である. したがって, 3 回のコイン投げで表が 2 回以上出る確率は,

$$\Pr(A) = \frac{n(A)}{n(U)} = \frac{4}{8} = 0.5$$

である.

問題 3.2 いま, A さん, B さん, C さんが窓側になる事象をそれぞれ A, B, C とする. このとき, 1 人だけ窓側になる事象は,

$$A \cap \bar{B} \cap \bar{C}, \ \bar{A} \cap B \cap \bar{C}, \ \bar{A} \cap \bar{B} \cap C$$

のいずれかである. 指定席をランダムに購入していることから, 独立事象と考えることができる. したがって, 上記の確率は, いずれも

$$\frac{2}{5} \times \frac{3}{5} \times \frac{3}{5} = 0.144$$

である. したがって, 1 人だけ窓側になる事象の確率は,

$$\Pr(1 \text{ 人だけ窓際}) = \Pr(A \cap \bar{B} \cap \bar{C}) + \Pr(\bar{A} \cap B \cap \bar{C}) + \Pr(\bar{A} \cap \bar{B} \cap C)$$
$$= 0.144 + 0.144 + 0.144 = 0.432$$

である．

問題 3.3 いま，顧客が「とうもろこし」を購入する事象を $A_と$，「キャベツ」を購入する事象を $A_キ$ とすると，

$$\Pr(A_と) = 0.48, \quad \Pr(A_キ) = 0.34, \quad \Pr(A_と \cap A_キ) = 0.16$$

である．したがって，顧客が「とうもろこし」あるいは「キャベツ」のいずれかを購入する和事象の確率 $\Pr(A_と \cup A_キ)$ は，

$$\Pr(A_と \cup A_キ) = \Pr(A_と) + \Pr(A_キ) - \Pr(A_と \cap A_キ)$$
$$= 0.48 + 0.34 - 0.16 = 0.66$$

である．

問題 3.4 機械が P 社製である事象を B，不良品であるという事象を A とする．機械が S 社製である確率は，事象 B の余事象 $\bar{B}$ なので，

$$\Pr(\bar{B}) = 1 - \Pr(B) = 1 - 0.55 = 0.45$$

である．また，条件付き確率の公式より

$$\Pr(A|B) = \frac{\Pr(A \cap B)}{\Pr(B)}$$

$$\Pr(A \cap B) = \Pr(A|B) \cdot \Pr(B)$$

なので，

$$\Pr(A \cap B) = \Pr(A|B) \cdot \Pr(B) = 0.05 \times 0.55 = 0.0275$$

である．

問題 3.5 いま，スパムフィルタが迷惑メールと判断する事象を B，通常メールと判断する事象を $\bar{B}$ とする．また，subject に「ロト予想」が含まれている事象を A とする．すると，問題より以下の確率がわかる．

$$\Pr(B) = 0.4, \quad \Pr(\bar{B}) = 0.6, \quad \Pr(A|B) = 0.25, \quad \Pr(A|\bar{B}) = 0.05$$

よって，「ロト予想」という subject が含まれたメールが迷惑メールと判断する確率はベイズの定理より

$$\Pr(B|A) = \frac{\Pr(B) \cdot \Pr(A|B)}{\Pr(B) \cdot \Pr(A|B) + \Pr(\bar{B}) \cdot \Pr(A|\bar{B})}$$
$$= \frac{0.40 \times 0.25}{0.40 \times 0.25 + 0.60 \times 0.05} = 0.769$$

である．

問題 3.6 いま，A さん，B さん，C さんが正解を見出せる事象をそれぞれ A, B, C

とする．このとき，$\Pr(A) = \Pr(B) = \Pr(C) = p$ である．多数決で正解を見出せる事象は

$$\begin{aligned}
P &= \Pr(A \cap B \cap C) + \Pr(\bar{A} \cap B \cap C) + \Pr(A \cap \bar{B} \cap C) + \Pr(A \cap B \cap \bar{C}) \\
&= \Pr(A) \cdot \Pr(B) \cdot \Pr(C) + \Pr(\bar{A}) \cdot \Pr(B) \cdot \Pr(C) \\
&\quad + \Pr(A) \cdot \Pr(\bar{B}) \cdot \Pr(C) + \Pr(A) \cdot \Pr(B) \cdot \Pr(\bar{C}) \\
&= p \cdot p \cdot p + (1-p) \cdot p \cdot p + p \cdot (1-p) \cdot p + p \cdot p \cdot (1-p) \\
&= p^3 + 3p^2 \cdot (1-p)
\end{aligned}$$

である．

第4章

問題 4.1 (1) 累積分布関数は，3以下である確率 $\Pr(X \leq 3)$ を表すことから

$$F(3) = f(1) + f(2) + f(3) = 0.1 + 0.2 + 0.3 = 0.6$$

すなわち，0.6 である．

(2) 離散型確率変数での期待値の公式より

$$\begin{aligned}
\mathrm{E}(X) &= \mu = \sum_{i=1}^{n} x_i \cdot f(x_i) \\
&= 1 \cdot f(1) + 2 \cdot f(2) + 3 \cdot f(3) + 4 \cdot f(4) + 5 \cdot f(5) \\
&= 1 \times 0.1 + 2 \times 0.2 + 3 \times 0.3 + 4 \times 0.3 + 5 \times 0.1 \\
&= 3.1
\end{aligned}$$

である．
さらに，分散は

$$\begin{aligned}
\mathrm{Var}(X) &= \sigma^2 = \sum_{i=1}^{n} (x_i - \mu)^2 \cdot f(x_i) \\
&= 4.41 \times 0.1 + 1.21 \times 0.2 + 0.01 \times 0.3 + 0.81 \times 0.3 + 3.61 \times 0.1 \\
&= 1.29
\end{aligned}$$

である．

問題 4.2 まず，$\Pr\left(X \leq \frac{1}{4}\right)$ は

$$\begin{aligned}
\Pr\left(X \leq \frac{1}{4}\right) &= \int_{-\infty}^{\frac{1}{4}} 2x \mathrm{d}x = \int_{0}^{\frac{1}{4}} 2x \mathrm{d}x = \left[x^2\right]_{0}^{\frac{1}{4}} = \left(\frac{1}{4}\right)^2 - (0)^2 \\
&= \frac{1}{16} = 0.063
\end{aligned}$$

である．ここで，累積分布関数の積分の下限が 0 なのは，0 未満の確率が 0 になるためである．

次いで $\Pr(\frac{1}{5} \leq X \leq \frac{2}{3})$ は

$$\Pr(\frac{1}{5} \leq X \leq \frac{2}{3}) = \int_{\frac{1}{5}}^{\frac{2}{3}} 2x \mathrm{d}x = \left[x^2\right]_{\frac{1}{5}}^{\frac{2}{3}} = \left(\frac{2}{3}\right)^2 - \left(\frac{1}{5}\right)^2$$
$$= \frac{91}{225} = 0.404$$

である．

問題 4.3 3 人以上がとんかつ定食をオーダーする確率は，

$$\Pr(X \geq 3) = 1 - \Pr(X \leq 2)$$

で計算できる．そのため

$$f(0) = {}_{10}\mathrm{C}_0 \times 0.3^0 \times (1 - 0.3)^{10-0} = 1 \times 0.3^0 \times 0.7^{10} = 0.028$$
$$f(1) = {}_{10}\mathrm{C}_1 \times 0.3^1 \times (1 - 0.3)^{10-1} = 10 \times 0.3^1 \times 0.7^9 = 0.121$$
$$f(2) = {}_{10}\mathrm{C}_2 \times 0.3^2 \times (1 - 0.3)^{10-2} = 45 \times 0.3^2 \times 0.7^8 = 0.234$$

を計算すると，

$$\Pr(X \geq 3) = 1 - \{f(0) + f(1) + f(2)\} = 1 - 0.383 = 0.617$$

である．したがって，3 人以上がとんかつ定食をオーダーするのは，61.7 パーセントである．

問題 4.4 まず，ポアソン分布の平均 (平均死亡数)λ を計算すると

$$\lambda = \frac{1 \times 44 + 33 \times 2 + 8 \times 3 + 3 \times 4 + 1 \times 5 + 0 \times 6 + 1 \times 7}{31 + 44 + 33 + 8 + 3 + 1 + 0 + 1} = \frac{158}{121} = 1.306$$

である．

(1) 1 日当たりの死亡数が 2 名である確率は，ポアソン分布の確率関数より

$$f(2) = \frac{e^{-1.306} \times 1.306^2}{2!} = 0.231$$

である．したがって，死亡数が 2 名なのは 23.1 パーセントである．

(2) 死亡数が 2 名以上であるということは

$$\Pr(X \geq 2) = 1 - \{f(0) + f(1)\}$$

で計算できる．そのため

$$f(0) = \frac{e^{-1.306} \times 1.306^0}{0!} = 0.271$$
$$f(1) = \frac{e^{-1.306} \times 1.306^1}{1!} = 0.354$$

を計算すると，
$$\Pr(X \geq 2) = 1 - \{0.271 + 0.354\} = 1 - 0.625 = 0.375$$
である．したがって，死亡数が 2 名以上なのは 37.5 パーセントである．

問題 4.5 (1) 実現値 $x_1 = 3$ および $x_2 = 14$ を標準化すると
$$z_1 = \frac{3-10}{25} = -0.28, \quad z_2 = \frac{14-10}{25} = 0.16$$
である．したがって，正規分布表より，
$$\Pr(Z \leq -0.28) = 0.3897, \quad \Pr(Z \geq 0.16) = 0.4364$$
である．累積分布関数 $F(z_2) = F(0.16)$ は
$$F(0.16) = \Pr(Z \leq 0.16) = 1 - 0.4364 = 0.5636$$
なので，
$$\Pr(3 \leq X \leq 14) = \Pr(-0.28 \leq Z \leq 0.16) = \Pr(Z \leq 0.16) - \Pr(Z \leq -0.28)$$
$$= F(0.16) - F(-0.28) = 0.5636 - 0.3897 = 0.1739$$
である．

(2) $x = 12$ を標準化すると
$$z = \frac{12-10}{25} = 0.08$$
である．正規分布表でわかることは，$\Pr(Z \geq 0.08) = 0.4681$ なので，
$$\Pr(X \leq 12) = \Pr(Z \leq 0.08) = 1 - \Pr(Z \geq 0.08)$$
$$= 1 - 0.4681 = 0.5319$$
である．

(3) $x = 17$ を標準化すると
$$z = \frac{17-10}{25} = 0.28$$
である．したがって，正規分布表より，
$$\Pr(X \geq 17) = \Pr(Z \geq 0.28) = 0.3897$$
である．

第 5 章

問題 5.1 正解は (b)．本調査は，W 大学に在学する学生を対象にしており，そこでの朝食の摂取状況を把握することが目的である．そのため，日本の大学の学生全員が

母集団にはならない.

問題 5.2 層化無作為抽出. 当該調査の被験者数を n 人とするとき, $0.6n$ 人を自宅学生から無作為に抽出し, $0.4n$ 人を下宿学生から無作為に抽出する.

問題 5.3 標本比率 (薬の有効率の点推定値)$\hat{p}$ は
$$\hat{p} = \frac{26}{40} = 0.650$$
である. 標準正規分布の上側 2.5 パーセント点は $z(0.025) = 1.96$ なので, 95%信頼区間の上側信頼限界および下側信頼限界は, それぞれ

下側信頼限界 : $\hat{p} - 1.96\sqrt{\dfrac{\hat{p}(1-\hat{p})}{n}} = 0.650 - 1.96\sqrt{\dfrac{0.650 \times (1 - 0.650)}{40}} = 0.502$

上側信頼限界 : $\hat{p} + 1.96\sqrt{\dfrac{\hat{p}(1-\hat{p})}{n}} = 0.650 + 1.96\sqrt{\dfrac{0.650 \times (1 - 0.650)}{40}} = 0.798$

である. よって, 薬の有効率の 95%信頼区間は $[0.502, 0.798]$ である.

問題 5.4 母分散は $\sigma^2 = 197.25$(既知) であるため, 分散既知における母平均の 95%信頼区間を計算する. まず, 標本平均を計算すると
$$\bar{x} = \frac{131 + 119 + 127 + 156 + 112 + 115 + 139 + 138 + 139}{9} = 130.667$$
である. 標準正規分布の上側 2.5 パーセント点は $z(0.025) = 1.96$ なので, 95%信頼区間の上側信頼限界および下側信頼限界は, それぞれ

下側信頼限界 : $\bar{x} - 1.96\sqrt{\dfrac{\sigma^2}{n}} = 130.667 - 1.96\sqrt{\dfrac{197.25}{9}} = 121.491$

上側信頼限界 : $\bar{x} + 1.96\sqrt{\dfrac{\sigma^2}{n}} = 130.667 + 1.96\sqrt{\dfrac{197.25}{9}} = 139.843$

である. よって, 試験の点数の母平均に対する 95%信頼区間は $[121.491, 139.843]$ である.

問題 5.5 標本平均 $\bar{x}$ および不偏分散 s^2 は, それぞれ $\bar{x} = 30.520$, $s^2 = 7.268$ である. 母平均に対する 95%信頼区間 (母分散未知) を計算する. このとき, 自由度 ν は $\nu = 10 - 1 = 9$ である. $t_9(0.025)$(自由度 9 の t 分布における上側 2.5 パーセント点) を t 分布表を用いて探すと, $t_9(0.025) = 2.262$ である.

上側信頼限界および下側信頼限界は, それぞれ

下側信頼限界 : $\bar{x} - t_{n-1}(\alpha/2)\sqrt{\dfrac{s^2}{n}} = 30.520 - 2.262\sqrt{\dfrac{7.268}{10}} = 28.592$

上側信頼限界 : $\bar{x} + t_{n-1}(\alpha/2)\sqrt{\dfrac{s^2}{n}} = 30.520 + 2.262\sqrt{\dfrac{7.268}{10}} = 32.448$

である. よって, ラットに投与したときの検査値の母平均の 95%信頼区間は $[28.592, 32.448]$ である.

問題 5.6 不偏分散 s^2 は，$s^2 = 0.000507$ である．母分散に対する 95%信頼区間を計算する．このとき，自由度 ν は $\nu = 8 - 1 = 7$ である．$\chi_7^2(0.025)$(自由度 7 のカイ 2 乗分布における上側 2.5 パーセント点) および $\chi_7^2(0.975)$(自由度 7 のカイ 2 乗分布における上側 97.5 パーセント点) をカイ 2 乗分布表を用いて探すと，$\chi_7^2(0.025) = 16.01$，$\chi_7^2(0.975) = 1.690$ である．

上側信頼限界，下側信頼限界は，それぞれ

$$\text{下側信頼限界}: \frac{(n-1)s^2}{\chi_{n-1}^2(\alpha/2)} = \frac{7 \times 0.000507}{16.01} = 0.000222$$

$$\text{上側信頼限界}: \frac{(n-1)s^2}{\chi_{n-1}^2(1-\alpha/2)} = \frac{7 \times 0.000507}{1.690} = 0.00210$$

である．したがって，電気抵抗の母分散に対する 95%信頼区間は $[0.000222, 0.00210]$ である．

第6章

問題 6.1 問題の内容より片側対立仮説 (1) になるので，仮説は

帰無仮説 H_0：新薬の有効率は過半数 ($p_0 = 0.50$) と同じである．

対立仮説 H_1：新薬の有効率は過半数 ($p_0 = 0.50$) よりも高い．

である．検定統計量 z_0 は

$$z_0 = \frac{r - np_0 - 0.5}{\sqrt{np_0(1-p_0)}} = \frac{32 - 50 \times 0.50 - 0.5}{\sqrt{50 \times 0.50 \times (1-0.50)}} = 1.838$$

である．検定統計量 z は帰無仮説 H_0 のもとで標準正規分布に従う．棄却限界値は $z(0.05) = 1.645$ なので，$z_0 > z(0.05)$ である．したがって，帰無仮説が棄却され，対立仮説が支持される (有意である)．したがって，新薬の有効率は過半数よりも高いといえる．

問題 6.2 問題の内容より，両側対立仮説になるので，仮説は，

帰無仮説 H_0：女性のエネルギー摂取量は摂取基準 ($\mu_0 = 7725$) と同じである．

対立仮説 H_1：女性のエネルギー摂取量は摂取基準 ($\mu_0 = 7725$) と異なる．

である．検定統計量 t_0 は，標本平均 $\bar{x} = 6753.636$，不偏分散 $s^2 = 1304445$ なので，

$$t_0 = \frac{\bar{x} - \mu_0}{\sqrt{s^2/n}} = \frac{6753.636 - 7725}{\sqrt{1304445/11}} = -2.821$$

である．今回は，両側対立仮説なので絶対値をとると $|t_0| = 2.821$ である．検定統計量 t_0 は帰無仮説 H_0 のもとで自由度 $\nu = 11 - 1 = 10$ の t 分布に従う．t 分布表を用

いて棄却限界値を調べると，$t_{10}(0.05/2) = 2.228$ である．$|t_0| > t_{10}(0.05/2)$ なので，帰無仮説は棄却される (有意である)．したがって，女性のエネルギー摂取量は栄養所要量と異なると考えられる．

問題 6.3 問題の内容より，片側対立仮説 (2) なので，仮説は，

帰無仮説 H_0：新しい製造法で生産した製品の分散はこれまでの製品の分散

$(\sigma_0^2 = 0.39)$ と同じである．

対立仮説 H_1：新しい製造法で生産した製品の分散はこれまでの製品の分散

$(\sigma_0^2 = 0.39)$ よりも小さい．

である．検定統計量 χ_0^2 は，不偏分散 $s^2 = 0.17$ なので
$$\chi_0^2 = \frac{(n-1)s^2}{\sigma_0^2} = \frac{(30-1) \times 0.17}{0.39} = 12.641$$
である．検定統計量 χ_0^2 は帰無仮説 H_0 のもとで自由度 $\nu = 30 - 1 = 29$ のカイ 2 乗分布に従う．カイ 2 乗分布表を用いて棄却限界値を調べると，$\chi_{29}^2(0.95) = 17.71$ である．$\chi_0^2 < \chi_{29}^2(0.95)$ なので，帰無仮説は棄却される (有意である)．したがって，新しい製造法で生産した製品の分散はこれまでの製品の分散よりも小さくなったといえる．

第 7 章

問題 7.1 問題の内容より，両側対立仮説になるので，仮説は，

帰無仮説 H_0：2 箇所の産直所で満足度に違いがない．

対立仮説 H_1：2 箇所の産直所で満足度に違いがある．

である．検定統計量 z_0 を計算する．直売所 A での満足率 $\hat{p}_1 = 32/65 = 0.492$，直売所 B での満足率 $\hat{p}_2 = 30/76 = 0.395$，さらに全体での標本比率 $\bar{p} = (32+30)/(65+76) = 0.440$ より，検定統計量 z_0 は

$$z_0 = \frac{0.492 - 0.395 - \frac{1}{2} \times \left(\frac{1}{65} + \frac{1}{76}\right)}{\sqrt{0.440 \times (1 - 0.440) \times \left(\frac{1}{65} + \frac{1}{76}\right)}} = \frac{0.0833}{0.0839} = 0.993$$

である．検定統計量 z_0 は帰無仮説 H_0 のもとで標準正規分布に従う．棄却限界値は $z(0.05/2) = 1.96$ なので，$|z_0| < z(0.05/2)$ である．すなわち，帰無仮説 H_0 が受容される (有意でない)．したがって，産直所のあいだで満足度に違いがあるという根拠は得られなかった (2 箇所の産直所の満足度に違いがあるとはいえなかった)．

また，母比率の差に対する 95%信頼区間は，

$$下側信頼限界 : (0.492 - 0.395) - 1.96\sqrt{\frac{0.492 \times (1-0.492)}{65} + \frac{0.395 \times (1-0.395)}{76}}$$
$$= -0.067$$
$$上側信頼限界 : (0.492 - 0.395) + 1.96\sqrt{\frac{0.492 \times (1-0.492)}{65} + \frac{0.395 \times (1-0.395)}{76}}$$
$$= 0.261$$

なので，$[-0.067, 0.261]$ である．

問題 7.2 問題の内容より，片側対立仮説 (1) になるので，仮説は

帰無仮説 H_0：コンビニエンスストアの弁当，惣菜のリニューアル前後で売上高に違いはない．

対立仮説 H_1：コンビニエンスストアの弁当，惣菜のリニューアル後に売上高が増加した．

である．リニューアル前後での売上高の変化 (リニューアル後 − リニューアル前) の平均値 $\bar{d}$ と不偏分散 s_d^2 を計算すると $\bar{d} = 32.43$, $s_d^2 = 3014.95$ である．よって，対応のある t 検定での検定統計量 t_0 は

$$t_0 = \frac{32.43}{\sqrt{\frac{3014.95}{7}}} = 1.563$$

である．検定統計量 t_0 は帰無仮説のもとで自由度 $(7-1) = 6$ の t 分布に従う．t 分布表を用いて棄却限界値を調べると $t_6(0.05) = 1.943$ である．$t_0 < t_6(0.05)$ なので，帰無仮説 H_0 が受容される (有意でない)．したがって，コンビニエンスストアの弁当，惣菜のリニューアル後はリニューアル前に比べて売上高が増加したという根拠は得られなかった．

また，対応のある場合の母平均に対する 95%信頼区間は，自由度 6 の t 分布の上側 2.5 パーセント点 $t_6(0.025) = 2.447$ を用いることで，

$$下側信頼限界 : 32.43 - 2.447\sqrt{\frac{3014.95}{7}} = -18.354$$
$$上側信頼限界 : 32.43 + 2.447\sqrt{\frac{3014.95}{7}} = 83.214$$

である．

問題 7.3 (1) 問題の内容より片側対立仮説 (2) になるので，

帰無仮説 H_0：1999 年の 1 人暮らしの大学生に対する両親の仕送りの平均

と 2009 年の仕送りの平均は同じである．

対立仮説 H_1：1999 年の 1 人暮らしの大学生に対する両親の仕送りの平均に比べて 2009 年の仕送りの平均は減少している．

となる．

次いで検定統計量 t_0 を計算する．2006 年の標本平均 $\bar{x}$，不偏分散 s_x^2，1996 年の標本平均 $\bar{y}$，不偏分散 s_y^2 を計算すると，それぞれ

$$\bar{x} = 92.24, \ \bar{y} = 115.33, \ s_x^2 = 292.617, \ s_y^2 = 661.773$$

である．また，併合分散 s_p^2 は

$$s_p^2 = \frac{(8-1) \times 292.617 + (9-1) \times 661.773}{(8-1) + (9-1)} = 489.500$$

であることから，検定統計量 t_0 は，

$$t_0 = \frac{92.24 - 115.33}{\sqrt{489.500 \times \left(\frac{1}{8} + \frac{1}{9}\right)}} = -2.148$$

である．

検定統計量 t_0 は帰無仮説 H_0 のもとで自由度 $\nu = (8+9-2) = 15$ の t 分布に従う．t 分布は 0 を中心に左右対称な分布なので，$t_\nu(1-\alpha) = -t_\nu(\alpha)$ である．よって，棄却限界値は，t 分布表より，$t_{15}(0.95) = -t_{15}(0.95) = -1.753$ である．$t_0 < t_{15}(0.95)$ であることから，帰無仮説 H_0 が棄却され，対立仮説が支持される H_1(有意である)．したがって，リーマンショック直後の 2009 年の大学生の仕送りは，10 年前の 1999 年の大学生の仕送りに比べて減少したといえる．

(2) 信頼区間は，自由度 15 の t 分布の上側 2.5 パーセント点 $t_{15}(0.025) = 2.131$ を用いることで，式 (7.10) より，

$$\text{下側信頼限界}：(92.24 - 115.33) - 2.131 \sqrt{489.500 \times \left(\frac{1}{8} + \frac{1}{9}\right)} = -46.000$$

$$\text{上側信頼限界}：(92.24 - 115.33) + 2.131 \sqrt{489.500 \times \left(\frac{1}{8} + \frac{1}{9}\right)} = -0.186$$

のように計算される．

(3) 個人差が仕送り金額の散らばり具合であると考えると，母分散を検討 (等分散性の検定) することになる．問題の内容より両側対立仮説になるので，仮説は，

帰無仮説 H_0：1999 年の 1 人暮らしの大学生に対する両親の仕送りの母分散

と 2009 年の仕送りの母分散は同じである．

対立仮説 H_1：1999 年の 1 人暮らしの大学生に対する両親の仕送りの母分散

と 2009 年の仕送りの母分散は異なる．

である．次いで検定統計量 F_0 を計算する．等分散性の検定の検定統計量 F_0 は，式 (7.14) を用いることで，

$$F_0 = \frac{292.617}{661.773} = 0.442$$

となる．検定統計量 F_0 は帰無仮説 H_0 のもとで自由度 $(8-1, 9-1) = (7, 8)$ の F 分布に従う．F 分布表を用いることで上側棄却限界値 $F_{7,8}(0.025) = 4.529$，下側棄却限界値 $F_{7,8}(0.975) = 1/F_{8,7}(0.025) = 0.204$ であることがわかる．検定統計量 F_0 が下側棄却限界値 $F_{7,8}(0.975)$ より大きく ($F_0 > F_{7,8}(0.975)$)，かつ上側棄却限界値 $F_{7,8}(0.025)$ より小さかったため ($F_0 < F_{7,8}(0.025)$)，帰無仮説 H_0 が受容される (有意でない)．したがって，1999 年の 1 人暮らしの大学生に対する両親の仕送りと 2009 年の仕送りの散らばりに違いがあるとはいえなかった．

第 8 章

問題 8.1　(1) 問題の内容より，仮説は

帰無仮説 H_0：薬と有効性は独立である (薬によって有効性に違いがない)．

対立仮説 H_1：薬と有効性は独立でない (薬によって有効性に違いがある)．

である．イェーツの補正を伴う検定統計量 χ_0^2 は，

$$\chi_0^2 = \frac{79 \times (|37 \times 21 - 9 \times 12| - 79/2)^2}{49 \times 30 \times 46 \times 33} = 14.029$$

である．棄却限界値は $\chi_1^2(0.05) = 3.84$ なので，$\chi_0^2 > \chi_1^2(0.05)$ である．すなわち，帰無仮説 H_0 が棄却される (有意である)．したがって，薬と有効性は独立でない．いいかえれば，薬によって有効性に違いが認められた．

(2) オッズ比の点推定値は

$$OR = \frac{37 \times 21}{9 \times 12} = 7.194$$

である．つまり，新薬は既存薬に比べて 7.194 倍有効である．次いで，95%信頼区間は，標準正規分布の上側 2.5 パーセント点 $z(0.05/2) = 1.96$ を用いることで，式 (8.6) より

$$下側信頼限界：7.194 \times \exp\left(-1.96\sqrt{\frac{1}{37} + \frac{1}{9} + \frac{1}{12} + \frac{1}{21}}\right) = 2.603$$

$$上側信頼限界：7.194 \times \exp\left(1.96\sqrt{\frac{1}{37} + \frac{1}{9} + \frac{1}{12} + \frac{1}{21}}\right) = 19.864$$

である．信頼区間が 1 をまたがないため，オッズ比の 95%信頼区間からも，新薬のほうが既存薬よりも有効性が高いことがわかる．

問題 8.2 (1) 問題の内容より，仮説は，

帰無仮説 H_0：成人女性の既婚状況とカフェイン摂取量は独立である (関連性がない)．
対立仮説 H_1：成人女性の既婚状況とカフェイン摂取量は独立でない (関連性がある)．

である．次いで検定統計量 χ_0^2 を計算する．期待度数 E_{ij} は，

	カフェイン摂取量			
	0	1〜150	151〜300	>300
既婚者	706.2	1488.8	576.8	257.2
離婚独身者	32.9	69.3	26.9	12.0
独身者	166.9	351.9	136.3	60.8

である．検定統計量 χ_0^2 は，上記の期待度数 E_{ij} を用いることで，

$$\chi_0^2 = \frac{(652-706.2)^2}{706.2} + \frac{(1537-1488.8)^2}{1488.8} + \frac{(598-576.8)^2}{576.8}$$
$$+ \frac{(242-257.2)^2}{257.2} + \frac{(36-32.9)^2}{32.9} + \frac{(46-69.3)^2}{69.3}$$
$$+ \frac{(38-26.9)^2}{26.9} + \frac{(21-12.0)^2}{12.0} + \frac{(218-166.9)^2}{166.9}$$
$$+ \frac{(327-351.9)^2}{351.9} + \frac{(104-136.3)^2}{136.3} + \frac{(67-60.8)^2}{60.8}$$
$$= 4.160 + 1.560 + 0.779 + 0.898 + 0.292 + 7.834 + 4.580 + 6.750$$
$$+ 15.645 + 1.762 + 7.654 + 0.632 = 52.546$$

である．検定統計量 χ_0^2 は，帰無仮説 H_0 のもとで，自由度 $(4-1)(3-1)=6$ のカイ 2 乗分布に従う．棄却限界値は $\chi_6^2(0.05)=12.59$ なので，$\chi_0^2 > \chi_6^2(0.05)$ である．すなわち，帰無仮説 H_0 が棄却され対立仮説 H_1 が支持される (有意である)．したがって，薬成人女性の既婚状況とカフェイン摂取量は独立でない．言い換えれば，成人女性の既婚状況とカフェイン摂取量には関連性が認められた．

(2) クラメル係数は，カイ 2 乗統計量 $\chi_0^2 = 52.546$ を用いることで，

$$V = \frac{\sqrt{52.546}}{\sqrt{3886 \times (3-1)}} = 0.082$$

となる．

第 9 章

問題 9.1 タクシーの使用年数を変数 x，燃料費を変数 y とする．このとき，相関係数を手計算するために構成された，表 A.1 を用いることで，

$$\sum_{i=1}^{n}(x_i-\bar{x})^2 = 94.04, \quad \sum_{i=1}^{n}(y_i-\bar{y})^2 = 1832.6,$$

$$\sum_{i=1}^{n}(x_i-\bar{x})(y_i-\bar{y}) = 337.20$$

が与えられる．したがって，相関係数 r_{xy} は，

$$r_{xy} = \frac{337.20}{\sqrt{94.04}\times\sqrt{1832.6}} = 0.812$$

である．

次いで，相関係数の95%信頼区間は，標準正規分布の上側2.5パーセント点を用いることで，

$$a = \frac{1}{2}\log_e\left(\frac{1+0.812}{1-0.812}\right) - \frac{1.96}{\sqrt{10-3}} = 0.392$$

$$b = \frac{1}{2}\log_e\left(\frac{1+0.812}{1-0.812}\right) + \frac{1.96}{\sqrt{10-3}} = 1.874$$

より，

$$\text{下側信頼限界}: \frac{\exp(2\times 0.392)-1}{\exp(2\times 0.392)+1} = 0.373$$

$$\text{上側信頼限界}: \frac{\exp(2\times 1.874)-1}{\exp(2\times 1.874)+1} = 0.954$$

である．95%信頼区間が0を含まないことから，タクシーの使用年数と燃料費には無相関ではないことが伺える．

表 A.1 タクシーの使用年数と燃料費の相関係数の計算 ($\bar{x}$ は x_i の平均であり，$\bar{y}$ は y_i の平均である)

番号	年数 x_i	燃料費 y_i	$x_i-\bar{x}$	$y_i-\bar{y}$	$(x_i-\bar{x})^2$	$(y_i-\bar{y})^2$	$(x_i-\bar{x})\times(y_i-\bar{y})$
1	5.4	71.8	-1.3	-14.2	1.69	201.64	18.46
2	7.3	102.0	0.6	16.0	0.36	256.00	9.6
3	7.8	95.2	1.1	9.2	1.21	84.64	10.12
4	9.5	84.3	2.8	-1.7	7.84	2.89	-4.76
5	8.3	94.3	1.6	8.3	2.56	68.89	13.28
6	12.7	112.5	6.0	26.5	36.00	702.25	159
7	2.9	70.0	-3.8	-16.0	14.44	256.00	60.8
8	1.5	75.6	-5.2	-10.4	27.04	108.16	54.08
9	5.0	76.7	-1.7	-9.3	2.89	86.49	15.81
10	6.6	77.9	-0.1	-8.1	0.01	65.61	0.81
合計	67.0	860.3			94.04	1832.57	337.20
平均	6.7	86.0					

問題 9.2 「ダイエットによる体重減少量」と「フィットネスジムでの運動時間」の偏相関係数 $r_{xy \cdot z}$ は，
$$r_{xy \cdot z} = \frac{0.684 - 0.485 \times 0.759}{\sqrt{1 - 0.485^2} \times \sqrt{1 - 0.759^2}} = 0.555$$
である．したがって，フィットネスジムでの運動時間と体重減少量には，高い相関関係が認められた．

問題 9.3 いま，男性作業員での母相関係数を $\rho_{男}$，女性作業員での母相関係数を $\rho_{女}$ とすると，仮説は

$$帰無仮説\ H_0 : \rho_{男} = \rho_{女}$$
$$対立仮説\ H_1 : \rho_{男} \neq \rho_{女}$$

である．それぞれの標本相関係数は $r_{男} = 0.72$, $r_{女} = 0.59$ であり，標本サイズは $n_{男} = 50, n_{女} = 40$ なので，母相関係数の差の検定における検定統計量 z_0 は

$$z_0 = \frac{\frac{1}{2}\left\{\log_e\left(\frac{1+0.72}{1-0.72}\right) - \log_e\left(\frac{1+0.59}{1-0.59}\right)\right\}}{\sqrt{\frac{1}{50-3} + \frac{1}{40-3}}} = 1.046$$

である．検定統計量 z_0 は帰無仮説のもとで標準正規分布に従う．有意水準 $\alpha = 0.05$ のとき，棄却限界値は $z(0.05/2) = z(0.025) = 1.96$(標準正規分布の上側 2.5 パーセント点) なので $z_0 < z(0.025)$ であり，帰無仮説が受容される．したがって，作業間の相関関係に性差は認められなかった．

第 10 章

問題 10.1 (1) 回帰係数を計算するための準備として，回帰係数の推定を手計算するための計算表 A.2 を作成する．この表より，

$$\sum_{i=1}^{n} x_i = 67.0, \quad \sum_{i=1}^{n} y_i = 860.3, \quad \sum_{i=1}^{n} x_i^2 = 542.9, \quad \sum_{i=1}^{n} x_i y_i = 6101.2$$

がわかる．

これらの結果より，傾き β_1 の推定値 $\hat{\beta}_1$ は，
$$\hat{\beta}_1 = \frac{6101.2 - 67.0 \times 860.3/10}{542.9 - 67.0^2/10} = 3.59$$
であり，切片 β_0 の推定値 $\hat{\beta}_0$ は，
$$\hat{\beta}_0 = \frac{1}{10} \times (860.3 - 3.59 \cdot 67.0) = 62.0$$
である．

表 A.2　タクシーの使用年数と燃料費のデータにおける回帰係数の推定の計算

番号	年数 x_i	燃料費 y_i	x_i^2	$x_i y_i$
1	5.4	71.8	29.2	387.7
2	7.3	102	53.3	744.6
3	7.8	95.2	60.8	742.6
4	9.5	84.3	90.3	800.9
5	8.3	94.3	68.9	782.7
6	12.7	112.5	161.3	1428.8
7	2.9	70	8.4	203.0
8	1.5	75.6	2.3	113.4
9	5.0	76.7	25.0	383.5
10	6.6	77.9	43.6	514.1
合計	67.0	860.3	542.9	6101.2

表 A.3　タクシーの使用年数と燃料費のデータにおける回帰分析の平方和の計算

番号	x	y	$\hat{y}_i$	ϵ_i	$(y_i - \bar{y})^2$	$(\hat{y}_i - \bar{y})^2$
1	5.4	71.8	81.39	-9.59	202.49	21.53
2	7.3	102	88.21	13.79	255.04	4.75
3	7.8	95.2	90.00	5.20	84.09	15.76
4	9.5	84.3	96.11	-11.81	2.99	101.61
5	8.3	94.3	91.80	2.50	68.39	33.29
6	12.7	112.5	107.59	4.91	700.66	464.83
7	2.9	70.0	72.41	-2.41	256.96	185.50
8	1.5	75.6	67.39	8.21	108.78	347.45
9	5.0	76.7	79.95	-3.25	87.05	36.97
10	6.6	77.9	85.69	-7.79	66.10	0.12
合計	−	−	−	−	1832.55	1211.81

したがって，推定された回帰直線は，$\hat{y} = 62.0 + 3.59x$ になる．

(2) 表 A.3 は，総変動 SS_T，回帰変動 SS_R，および残差変動 SS_E を計算するために作成したものである．ここで，応答 y の平均値 $\bar{y} = 86.03$ である．

$SS_\mathrm{T} = 1832.55$, $SS_\mathrm{R} = 1211.81$ より，寄与率 R^2 は，

$$R^2 = \frac{1211.81}{1832.55} = 0.661$$

である．したがって，推定された回帰直線は，応答 y に対して 66.1% の説明能力があることがわかる．

次いで，回帰直線の適切性を検定する．このとき，帰無仮説 H_0 および帰無仮説 H_1 は，

帰無仮説 H_0 : 回帰直線に意味がない

対立仮説 H_1：回帰直線に意味がある

である．

F 値 F_0 を計算するために，分散分析表を計算する．総平方和 SS_T，回帰平方和 SS_{TR} および SS_E は，表 A.3 の結果を用いることで，

$$SS_T = 1832.55, \ SS_R = 1211.81, \ SS_E = SS_T - SS_R = 620.74$$

で与えられる．分散分析表は，表 A.4 のように構成されることから，$F_0 = 15.618$ である．F 値 F_0 の棄却限界値は，自由度 $(1, 8)$ の F 分布の上側 5 パーセント点 $F_{1,8}(0.05)$ は，$F_{1,8}(0.05) = 7.571$ である．$F_0 > F_{1,8}(0.05)$ なので，帰無仮説 H_0 が棄却され，対立仮説 H_1 が支持される．したがって，推定された回帰直線に意味があることが認められた．

(3) 切片 β_0 に対する検定の帰無仮説 H_0 および対立仮説 H_1 は，

帰無仮説 $H_0 : \beta_0 = 0$，　対立仮説 $H_1 : \beta_0 \neq 0$

である．

次いで，検定統計量 t_0 を計算する．説明変数 x の平均値 $\bar{x} = 6.70$ より，偏差平方和は

$$\sum_{i=1}^{n}(x_i - \bar{x})^2 = (5.4 - 6.70)^2 + (7.3 - 6.70)^2 + \cdots + (6.6 - 6.70)^2$$
$$= 1.69 + 0.36 + \cdots + 0.01 = 94.04$$

である．また，残差分散 s_e^2 は，$SS_E = 620.74$ を用いて，$s_e^2 = 620.74/(10-2) = 77.59$ より，その標準偏差 $s_e = \sqrt{77.59} = 8.81$ である．

切片の点推定値 $\hat{\beta}_0 = 62.0$ であることから，検定統計量 t_0 は，

$$t_0 = \frac{62.0}{8.81\sqrt{\dfrac{1}{10} + \dfrac{6.70^2}{94.04}}} = 9.262$$

である．

検定統計量は帰無仮説 H_0 のもとで自由度 $\nu = 10 - 2 = 8$ の t 分布に従うので，t 分布表より棄却限界値 $t_8(0.025) = 2.306$ である．つまり，$|t_0| > t_8(0.025)$ であるこ

表 A.4　タクシーの使用年数と燃料費データにおける推定された回帰直線の分散分析表

変動	平方和	自由度	不偏分散	F 値
回帰変動 SS_R	1211.81	1	1211.81	15.618
残差変動 SS_E	620.74	8	77.59	
総変動 SS_T	1832.55	9		

とから，帰無仮説 H_0 が棄却され，対立仮説 H_1 が支持される (有意である)．したがって，母回帰係数の切片が 0 でない ($\beta_0 = 0$ でない) ことが示された．

次に，傾き β_1 に対する検定を行う．このとき，帰無仮説 H_0 および対立仮説 H_1 は，

$$\text{帰無仮説 } H_0 : \beta_1 = 0, \quad \text{対立仮説 } H_1 : \beta_1 \neq 0$$

である．

説明変数の偏差平方和 $\sum_{i=1}^{n}(x_i - \bar{x})^2 = 94.04$，残差分散 $s_e^2 = 77.59$ および，傾きの点推定値 $\hat{\beta}_1 = 3.59$ なので，検定統計量 t_0 は，

$$t_0 = \frac{3.59\sqrt{94.04}}{\sqrt{77.59}} = 3.952$$

である．

検定統計量は帰無仮説 H_0 のもとで自由度 $\nu = 10 - 2 = 8$ の t 分布に従うので，t 分布表より棄却限界値 $t_8(0.025) = 2.306$ である．つまり，$|t_0| > t_8(0.025)$ であることから，帰無仮説 H_0 が棄却され，対立仮説 H_1 が支持される (有意である)．したがって，母回帰係数の傾きが 0 でない ($\beta_1 = 0$ でない) ことが示された．

総合演習の解答

問題 1 (1) 順序尺度 (2) 名義尺度 (3) 比例尺度 (4) 間隔尺度

問題 2 (1)
- 中央値 $\tilde{x}=77$ 点である.
- 四分位範囲：第 1 四分位点 $Q_1 = 69.50$, 第 3 四分位点 $Q_3 = 81.25$ より, 四分位範囲 IQR は,
$$IQR = 83.75 - 69.50 = 14.25$$
である.

(2) 30 点台から 90 点台までの度数分布表は,

階級	度数	相対度数	累積度数	累積相対度数
30 ～ 39	1	0.03	1	0.03
40 ～ 49	1	0.03	2	0.07
50 ～ 59	2	0.07	4	0.13
60 ～ 69	4	0.10	8	0.23
70 ～ 79	11	0.37	19	0.60
80 ～ 89	7	0.23	26	0.83
90 ～ 99	4	0.17	30	1.00

である. したがって, ヒストグラムは

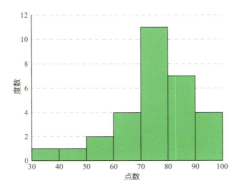

で与えられる. ヒストグラムは, 右に歪んだ (左に裾の長い) 形状を示している.

(3) (b)

問題 3

表記のマウスのデータより，マウス A の標本平均 $\bar{x}_A = 105.7$，分散 $s_A^2 = 917.82$ であり，マウス B の標本平均 $\bar{x}_B = 124.9$，分散 $s_B^2 = 517.76$ である．

(1) 本問では，マウスの体重の母平均に違いがあるか否かを検定することから，両側対立仮説になるので，帰無仮説 H_0 および対立仮説 H_1 は，

$\quad$ 帰無仮説 H_0：マウス A とマウス B の平均体重に違いがない．

$\quad$ 帰無仮説 H_0：マウス A とマウス B の平均体重に違いがある．

となる．

このとき，併合分散 s_p^2 は

$$s_p^2 = \frac{(11-1) \times 917.82 + (14-1) \times 517.76}{(11-1)+(14-1)} = \frac{15909.08}{23} = 691.70$$

なので，検定統計量 t_0 は

$$t_0 = \frac{105.7 - 124.9}{\sqrt{691.70 \times \left(\frac{1}{11} + \frac{1}{14}\right)}} = -1.812$$

である．検定統計量 t_0 は，帰無仮説 H_0 のもとで自由度 $\nu = (11+14-2) = 23$ の t 分布に従うので，棄却限界値 $t_{23}(0.025) = 2.069$ である．つまり，$|t_0| < t_{23}(0.025)$ であることから，帰無仮説 H_0 が受容される (有意でない)．したがって，2 種類のマウスの平均体重に違いがあるとはいえなかった．

(2) 本問では，マウスの体重の母分散に違いがあるか否かを検定することから，両側対立仮説になるので，帰無仮説 H_0 および対立仮説 H_1 は，

$\quad$ 帰無仮説 H_0：マウス A とマウス B の母分散に違いがない．

$\quad$ 帰無仮説 H_0：マウス A とマウス B の母分散に違いがある．

となる．

このとき，検定統計量 F_0 は

$$F_0 = \frac{917.82}{517.76} = 1.773$$

である．検定統計量 F_0 は，帰無仮説 H_0 のもとで自由度 $(11-1, 14-1) = (10, 13)$ の F 分布に従うので，上側棄却限界値 $F_{10,13}(0.025) = 3.250$，および下側棄却限界値 $F_{10,13}(0.975) = 1/F_{13,10}(0.025) = 0.279$ である．つまり，$F_0 < F_{10,13}(0.025)$ かつ $F_0 > F_{10,13}(0.975)$ であることから，帰無仮説 H_0 が受容される (有意でない)．し

たがって，2種類のマウスの母分散に違いがあるとはいえなかった．

問題 4 (1) 女性のうちでおいしいと回答した割合は，
$$\frac{321}{423} = 0.759$$
であり，男性のうちでおいしいと回答した割合は，
$$\frac{279}{406} = 0.687$$
である．

(2) 男性に対する女性のオッズ比 OR は
$$OR = \frac{321 \times 127}{279 \times 102} = 1.433$$
である．すなわち，女性のほうが男性に比べて 1.433 倍おいしいと回答している．

このとき，95%信頼区間は

下側信頼限界：$1.433 \times \exp\left(-1.96 \times \sqrt{\frac{1}{321} + \frac{1}{279} + \frac{1}{102} + \frac{1}{127}}\right) = -0.438$

上側信頼限界：$1.433 \times \exp\left(1.96 \times \sqrt{\frac{1}{321} + \frac{1}{279} + \frac{1}{102} + \frac{1}{127}}\right) = 1.055$

より，$[-0.438, 1.055]$ である．

(3) 帰無仮説 H_0 および対立仮説 H_1 は，

帰無仮説 H_0：性別と試作品の好み (おいしい・おいしくない) は独立である (関連性がない)．

対立仮説 H_1：性別と試作品の好み (おいしい・おいしくない) は独立でない (関連性がある)．

である．

このとき，検定統計量 χ_0^2 は
$$\chi_0^2 = \frac{829 \times (|321 \times 127 - 279 \times 102| - 829/2)^2}{600 \times 229 \times 423 \times 406} = 4.970$$
である．検定統計量 χ_0^2 は，帰無仮説 H_0 のもとで自由度 $\nu = 1$ のカイ 2 乗分布に従うので，棄却限界値 $\chi_1^2(0.05) = 3.841$ である．つまり，$\chi_0^2 > \chi_1^2(0.05)$ であることから，帰無仮説 H_0 が棄却され，対立仮説 H_1 が支持される (有意である)．したがって，性別と試作品の好み (おいしい・おいしくない) に関連性があるといえる．

問題 5 (1) 売上高の平均 $\bar{x} = 20.0$, 人口の平均 $\bar{y} = 119.5$, 交通量の平均 $\bar{z} = 11.1$ であり，売上高の標準偏差 $s_x = 7.66$, 人口の標準偏差 $\bar{y} = 36.73$, 交通量の標準偏差 $\bar{z} = 3.42$ である．また，売上高と人口の共分散 $s_{xy} = 217.72$, 売上高と交通量の共分散 $s_{xz} = 20.00$, 人口と交通量の共分散 $s_{yz} = 113.92$ である．したがって，それぞれの組み合わせでの相関係数は，

$$\text{売上高と人口の相関係数 } r_{xy} = \frac{217.72}{7.66 \times 36.73} = 0.774$$

$$\text{売上高と交通量の相関係数 } r_{xz} = \frac{20.00}{7.66 \times 3.42} = 0.763$$

$$\text{人口と交通量の相関係数 } r_{yz} = \frac{113.92}{36.73 \times 3.42} = 0.908$$

である．

また，人口とその他の変数の間の相関関係を除いた売上高と交通量の偏相関係数 $r_{xz \cdot y}$ は

$$r_{xz \cdot y} = \frac{0.763 - 0.774 \times 0.908}{\sqrt{1 - 0.774^2} \times \sqrt{1 - 0.908^2}} = 0.232$$

である．

(2) 帰無仮説 H_0 および対立仮説 H_1 は，

帰無仮説 H_0：売上高と人口の母相関係数 ρ_{xy} は 0 である．

対立仮説 H_1：売上高と人口の母相関係数 ρ_{xy} は 0 でない．

である．

このとき，検定統計量 t_0 は

$$t_0 = \frac{0.774 \times \sqrt{10 - 2}}{\sqrt{1 - 0.774^2}} = 3.458$$

である．検定統計量 t_0 は，帰無仮説 H_0 のもとで自由度 $\nu = 10 - 2 = 8$ の t 分布に従うので，棄却限界値 $t_8(0.025) = 2.306$ である．つまり，$|t_0| > t_8(0.025)$ であることから，帰無仮説 H_0 が棄却され，対立仮説 H_1 が支持される (有意である)．したがって，売上高と人口の母相関係数が 0 でない (相関関係がある) といえる．

さらに，売上高と人口の相関係数に対する 95% 信頼区間は，

$$a = \frac{1}{2} \log_e \left(\frac{1 + 0.774}{1 - 0.774} \right) - \frac{1}{\sqrt{10 - 3}} \times 1.96 = 0.289$$

$$b = \frac{1}{2} \log_e \left(\frac{1 + 0.774}{1 - 0.774} \right) + \frac{1}{\sqrt{10 - 3}} \times 1.96 = 1.771$$

より，

$$\text{下側信頼限界}: \frac{\exp(2 \times 0.289) - 1}{\exp(2 \times 0.289) + 1} = 0.281$$

$$\text{上側信頼限界}: \frac{\exp(2 \times 1.771) - 1}{\exp(2 \times 1.771) + 1} = 0.944$$

より,$[0.281, 0.944]$ である.

(3) 第 10 章の記法に揃えるために,人口 (説明変数) を x, 売上高 (応答変数) を y とする.このとき,

$$\sum_{i=1}^{n} x_i = 1194.8, \quad \sum_{i=1}^{n} y_i = 199.8, \quad \sum_{i=1}^{n} x_i^2 = 154895.4, \quad \sum_{i=1}^{n} x_i y_i = 25831.6$$

なので,傾き β_1 の推定値 $\hat{\beta}_1$ は,

$$\hat{\beta}_1 = \frac{25831.6 - 1194.8 \times 199.8/10}{4520.0 - 1194.8^2/10} = 0.1614$$

であり,切片 β_0 の推定値 $\hat{\beta}_0$ は,

$$\hat{\beta}_0 = \frac{1}{10}(199.8 - 0.1614 \times 1194.8) = 0.6958$$

である.したがって,推定された回帰直線は

$$\hat{y} = 0.6958 + 0.1614x$$

になる.

(4) (3) で推定された回帰直線に対する F 検定を行う.帰無仮説 H_0 および対立仮説 H_1 は,

$$\text{帰無仮説 } H_0 : \text{回帰直線に意味がない.}$$

$$\text{対立仮説 } H_1 : \text{回帰直線に意味がある.}$$

である.

F 値 F_0 を計算するために,分散分析表を作成する.

変動	平方和	自由度	不偏分散	F 値
回帰変動	316.27	1	316.27	11.953
残差変動	211.65	8	26.46	
総変動	527.92	9		

したがって,F 値は $F_0 = 11.953$ である.F 値 F_0 は帰無仮説のもと,自由度 (1,8) の F 分布に従うことから,F 分布の上側 5 パーセント点 $F_{1,8}(0.05) = 7.571$ と比較する.$F_0 > F_{1,8}(0.05)$ なので,帰無仮説 H_0 が棄却され,対立仮説 H_1 が支持される (有意である).したがって,回帰直線に意味があるといえる.

次いで,寄与率 R^2 は,分散分析表で計算した回帰平方和 $SS_R = 316.21$, 総平方

和 $SS_\mathrm{T} = 527.96$ より,
$$R^2 = \frac{316.27}{527.92} = 0.599$$
である. すなわち, 推定された回帰直線は, 応答 (売上高) に対して 59.9 パーセントの説明能力がある.

(5) 傾き β_1 が 0 であるか否かを検定する. 帰無仮説 H_0 および対立仮説 H_1 は,
$$\text{帰無仮説 } H_0 : \beta_1 = 0$$
$$\text{対立仮説 } H_1 : \beta_1 \neq 0$$
である. 説明変数の偏差平方和 $\sum_{i=1}^{n}(x_i - \bar{x})^2 = 12140.7$, 残差標準偏差 $e = \sqrt{26.46} = 5.144$ なので, 検定統計量 t_0 は,
$$t_0 = \frac{0.1614\sqrt{12140.7}}{5.144} = 3.457$$
である. 検定統計量 t_0 は, 帰無仮説 H_0 のもとで自由度 $\nu = 10 - 2 = 8$ の t 分布に従うので, 棄却限界値 $t_8(0.025) = 2.306$ である. つまり, $|t_0| > t_8(0.025)$ であることから, 帰無仮説 H_0 が棄却され, 対立仮説 H_1 が支持される (有意である). したがって, 傾き β_1 が 0 でないといえる.

次いで, 95%信頼区間は
$$\text{下側信頼限界} : 0.1614 - \frac{2.306 \times 5.144}{\sqrt{12140.7}} = 0.0537$$
$$\text{上側信頼限界} : 0.1614 + \frac{2.306 \times 5.144}{\sqrt{12140.7}} = 0.2691$$
より, $[0.0537, 0.2691]$ である.

付表1. 標準正規分布の上側確率

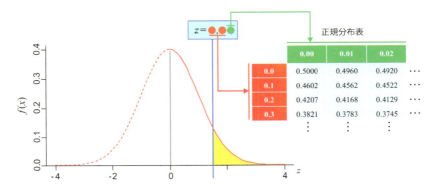

z	0.00	0.01	0.02	0.03	0.04	0.05	0.06	0.07	0.08	0.09
0.0	0.5000	0.4960	0.4920	0.4880	0.4840	0.4801	0.4761	0.4721	0.4681	0.4641
0.1	0.4602	0.4562	0.4522	0.4483	0.4443	0.4404	0.4364	0.4325	0.4286	0.4247
0.2	0.4207	0.4168	0.4129	0.4090	0.4052	0.4013	0.3974	0.3936	0.3897	0.3859
0.3	0.3821	0.3783	0.3745	0.3707	0.3669	0.3632	0.3594	0.3557	0.3520	0.3483
0.4	0.3446	0.3409	0.3372	0.3336	0.3300	0.3264	0.3228	0.3192	0.3156	0.3121
0.5	0.3085	0.3050	0.3015	0.2981	0.2946	0.2912	0.2877	0.2843	0.2810	0.2776
0.6	0.2743	0.2709	0.2676	0.2643	0.2611	0.2578	0.2546	0.2514	0.2483	0.2451
0.7	0.2420	0.2389	0.2358	0.2327	0.2296	0.2266	0.2236	0.2206	0.2177	0.2148
0.8	0.2119	0.2090	0.2061	0.2033	0.2005	0.1977	0.1949	0.1922	0.1894	0.1867
0.9	0.1841	0.1814	0.1788	0.1762	0.1736	0.1711	0.1685	0.1660	0.1635	0.1611
1.0	0.1587	0.1562	0.1539	0.1515	0.1492	0.1469	0.1446	0.1423	0.1401	0.1379
1.1	0.1357	0.1335	0.1314	0.1292	0.1271	0.1251	0.1230	0.1210	0.1190	0.1170
1.2	0.1151	0.1131	0.1112	0.1093	0.1075	0.1056	0.1038	0.1020	0.1003	0.0985
1.3	0.0968	0.0951	0.0934	0.0918	0.0901	0.0885	0.0869	0.0853	0.0838	0.0823
1.4	0.0808	0.0793	0.0778	0.0764	0.0749	0.0735	0.0721	0.0708	0.0694	0.0681
1.5	0.0668	0.0655	0.0643	0.0630	0.0618	0.0606	0.0594	0.0582	0.0571	0.0559
1.6	0.0548	0.0537	0.0526	0.0516	0.0505	0.0495	0.0485	0.0475	0.0465	0.0455
1.7	0.0446	0.0436	0.0427	0.0418	0.0409	0.0401	0.0392	0.0384	0.0375	0.0367
1.8	0.0359	0.0351	0.0344	0.0336	0.0329	0.0322	0.0314	0.0307	0.0301	0.0294
1.9	0.0287	0.0281	0.0274	0.0268	0.0262	0.0256	0.0250	0.0244	0.0239	0.0233
2.0	0.0228	0.0222	0.0217	0.0212	0.0207	0.0202	0.0197	0.0192	0.0188	0.0183
2.1	0.0179	0.0174	0.0170	0.0166	0.0162	0.0158	0.0154	0.0150	0.0146	0.0143
2.2	0.0139	0.0136	0.0132	0.0129	0.0125	0.0122	0.0119	0.0116	0.0113	0.0110
2.3	0.0107	0.0104	0.0102	0.0099	0.0096	0.0094	0.0091	0.0089	0.0087	0.0084
2.4	0.0082	0.0080	0.0078	0.0075	0.0073	0.0071	0.0069	0.0068	0.0066	0.0064
2.5	0.0062	0.0060	0.0059	0.0057	0.0055	0.0054	0.0052	0.0051	0.0049	0.0048
2.6	0.0047	0.0045	0.0044	0.0043	0.0041	0.0040	0.0039	0.0038	0.0037	0.0036
2.7	0.0035	0.0034	0.0033	0.0032	0.0031	0.0030	0.0029	0.0028	0.0027	0.0026
2.8	0.0026	0.0025	0.0024	0.0023	0.0023	0.0022	0.0021	0.0021	0.0020	0.0019
2.9	0.0019	0.0018	0.0018	0.0017	0.0016	0.0016	0.0015	0.0015	0.0014	0.0014
3.0	0.0013	0.0013	0.0013	0.0012	0.0012	0.0011	0.0011	0.0011	0.0010	0.0010
3.1	0.0010	0.0009	0.0009	0.0009	0.0008	0.0008	0.0008	0.0008	0.0007	0.0007
3.2	0.0007	0.0007	0.0006	0.0006	0.0006	0.0006	0.0006	0.0005	0.0005	0.0005
3.3	0.0005	0.0005	0.0005	0.0004	0.0004	0.0004	0.0004	0.0004	0.0004	0.0003
3.4	0.0003	0.0003	0.0003	0.0003	0.0003	0.0003	0.0003	0.0003	0.0003	0.0002

付表2. t分布のパーセント点

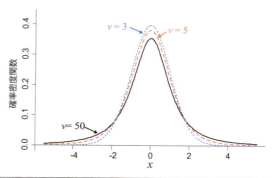

ν	α						
	0.25	0.1	0.05	0.025	0.01	0.005	0.0005
1	1.000	3.078	6.314	12.706	31.821	63.657	636.619
2	0.816	1.886	2.920	4.303	6.965	9.925	31.599
3	0.765	1.638	2.353	3.182	4.541	5.841	12.924
4	0.741	1.533	2.132	2.776	3.747	4.604	8.610
5	0.727	1.476	2.015	2.571	3.365	4.032	6.869
6	0.718	1.440	1.943	2.447	3.143	3.707	5.959
7	0.711	1.415	1.895	2.365	2.998	3.499	5.408
8	0.706	1.397	1.860	2.306	2.896	3.355	5.041
9	0.703	1.383	1.833	2.262	2.821	3.250	4.781
10	0.700	1.372	1.812	2.228	2.764	3.169	4.587
11	0.697	1.363	1.796	2.201	2.718	3.106	4.437
12	0.695	1.356	1.782	2.179	2.681	3.055	4.318
13	0.694	1.350	1.771	2.160	2.650	3.012	4.221
14	0.692	1.345	1.761	2.145	2.624	2.977	4.140
15	0.691	1.341	1.753	2.131	2.602	2.947	4.073
16	0.690	1.337	1.746	2.120	2.583	2.921	4.015
17	0.689	1.333	1.740	2.110	2.567	2.898	3.965
18	0.688	1.330	1.734	2.101	2.552	2.878	3.922
19	0.688	1.328	1.729	2.093	2.539	2.861	3.883
20	0.687	1.325	1.725	2.086	2.528	2.845	3.850
21	0.686	1.323	1.721	2.080	2.518	2.831	3.819
22	0.686	1.321	1.717	2.074	2.508	2.819	3.792
23	0.685	1.319	1.714	2.069	2.500	2.807	3.768
24	0.685	1.318	1.711	2.064	2.492	2.797	3.745
25	0.684	1.316	1.708	2.060	2.485	2.787	3.725
26	0.684	1.315	1.706	2.056	2.479	2.779	3.707
27	0.684	1.314	1.703	2.052	2.473	2.771	3.690
28	0.683	1.313	1.701	2.048	2.467	2.763	3.674
29	0.683	1.311	1.699	2.045	2.462	2.756	3.659
30	0.683	1.310	1.697	2.042	2.457	2.750	3.646
40	0.681	1.303	1.684	2.021	2.423	2.704	3.551
60	0.679	1.296	1.671	2.000	2.390	2.660	3.460
100	0.677	1.290	1.660	1.984	2.364	2.626	3.390

付表3. カイ2乗分布のパーセント点

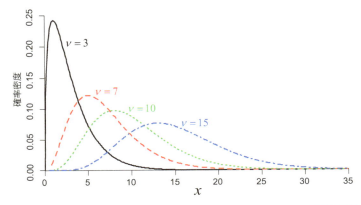

	α							
ν	0.990	0.975	0.95	0.90	0.10	0.05	0.025	0.001
1	0.00	0.00	0.00	0.02	2.71	3.84	5.02	10.83
2	0.02	0.05	0.10	0.21	4.61	5.99	7.38	13.82
3	0.11	0.22	0.35	0.58	6.25	7.81	9.35	16.27
4	0.30	0.48	0.71	1.06	7.78	9.49	11.14	18.47
5	0.55	0.83	1.15	1.61	9.24	11.07	12.83	20.52
6	0.87	1.24	1.64	2.20	10.64	12.59	14.45	22.46
7	1.24	1.69	2.17	2.83	12.02	14.07	16.01	24.32
8	1.65	2.18	2.73	3.49	13.36	15.51	17.53	26.12
9	2.09	2.70	3.33	4.17	14.68	16.92	19.02	27.88
10	2.56	3.25	3.94	4.87	15.99	18.31	20.48	29.59
11	3.05	3.82	4.57	5.58	17.28	19.68	21.92	31.26
12	3.57	4.40	5.23	6.30	18.55	21.03	23.34	32.91
13	4.11	5.01	5.89	7.04	19.81	22.36	24.74	34.53
14	4.66	5.63	6.57	7.79	21.06	23.68	26.12	36.12
15	5.23	6.26	7.26	8.55	22.31	25.00	27.49	37.70
16	5.81	6.91	7.96	9.31	23.54	26.30	28.85	39.25
17	6.41	7.56	8.67	10.09	24.77	27.59	30.19	40.79
18	7.01	8.23	9.39	10.86	25.99	28.87	31.53	42.31
19	7.63	8.91	10.12	11.65	27.20	30.14	32.85	43.82
20	8.26	9.59	10.85	12.44	28.41	31.41	34.17	45.31
21	8.90	10.28	11.59	13.24	29.62	32.67	35.48	46.80
22	9.54	10.98	12.34	14.04	30.81	33.92	36.78	48.27
23	10.20	11.69	13.09	14.85	32.01	35.17	38.08	49.73
24	10.86	12.40	13.85	15.66	33.20	36.42	39.36	51.18
25	11.52	13.12	14.61	16.47	34.38	37.65	40.65	52.62
26	12.20	13.84	15.38	17.29	35.56	38.89	41.92	54.05
27	12.88	14.57	16.15	18.11	36.74	40.11	43.19	55.48
28	13.56	15.31	16.93	18.94	37.92	41.34	44.46	56.89
29	14.26	16.05	17.71	19.77	39.09	42.56	45.72	58.30
30	14.95	16.79	18.49	20.60	40.26	43.77	46.98	59.70
40	22.16	24.43	26.51	29.05	51.81	55.76	59.34	73.40
60	37.48	40.48	43.19	46.46	74.40	79.08	83.30	99.61
100	70.06	74.22	77.93	82.36	118.50	124.34	129.56	149.45

付表 4. F 分布のパーセント点

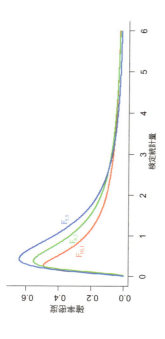

(a) $\alpha = 0.025$

ν_2 \ ν_1	1	2	3	4	5	6	7	8	9	10	11	12	13	14	15	20	40	60	100
1	647.8	799.5	864.2	899.6	921.8	937.1	948.2	956.7	963.3	968.6	973.0	976.7	979.8	962.5	984.9	993.1	1005.6	1009.8	1013.2
2	38.51	39.00	39.17	39.25	39.30	39.33	39.36	39.37	39.39	39.40	39.41	39.41	39.42	39.43	39.43	39.45	39.47	39.48	39.49
3	17.44	16.04	15.44	15.10	14.88	14.73	14.62	14.54	14.47	14.42	14.37	14.34	14.30	14.28	14.25	14.17	14.04	13.99	13.96
4	12.22	10.65	9.979	9.605	9.364	9.197	9.074	8.980	8.905	8.844	8.794	8.751	8.715	8.684	8.657	8.560	8.411	8.360	8.319
5	10.01	8.434	7.764	7.388	7.146	6.978	6.853	6.757	6.681	6.619	6.568	6.525	6.488	6.456	6.428	6.329	6.175	6.123	6.080
6	8.813	7.260	6.599	6.227	5.988	5.820	5.695	5.600	5.523	5.461	5.410	5.366	5.329	5.297	5.269	5.168	5.012	4.959	4.915
7	8.073	6.542	5.890	5.523	5.285	5.119	4.995	4.899	4.823	4.761	4.709	4.666	4.628	4.596	4.568	4.467	4.309	4.254	4.210
8	7.571	6.059	5.416	5.053	4.817	4.652	4.529	4.433	4.357	4.295	4.243	4.200	4.162	4.130	4.101	3.999	3.840	3.784	3.739
9	7.209	5.715	5.078	4.718	4.484	4.320	4.197	4.102	4.026	3.964	3.912	3.868	3.831	3.798	3.769	3.667	3.505	3.449	3.403
10	6.937	5.456	4.826	4.468	4.236	4.072	3.950	3.855	3.779	3.717	3.665	3.621	3.583	3.550	3.522	3.419	3.255	3.198	3.152
11	6.724	5.256	4.630	4.275	4.044	3.881	3.759	3.664	3.588	3.526	3.474	3.430	3.392	3.359	3.330	3.226	3.061	3.004	2.956
12	6.554	5.096	4.474	4.121	3.891	3.728	3.607	3.512	3.436	3.374	3.321	3.277	3.239	3.206	3.177	3.073	2.906	2.848	2.800
13	6.414	4.965	4.347	3.996	3.767	3.604	3.483	3.388	3.312	3.250	3.197	3.153	3.115	3.082	3.053	2.948	2.780	2.720	2.671
14	6.298	4.857	4.242	3.892	3.663	3.501	3.380	3.285	3.209	3.147	3.095	3.050	3.012	2.979	2.949	2.844	2.674	2.614	2.565
15	6.200	4.765	4.153	3.804	3.576	3.415	3.293	3.199	3.123	3.060	3.008	2.963	2.925	2.891	2.862	2.756	2.585	2.524	2.474
20	5.871	4.461	3.859	3.515	3.289	3.128	3.007	2.913	2.837	2.774	2.721	2.676	2.637	2.603	2.573	2.464	2.287	2.223	2.170
40	5.424	4.051	3.463	3.126	2.904	2.744	2.624	2.529	2.452	2.388	2.334	2.288	2.248	2.213	2.182	2.068	1.875	1.803	1.741
60	5.286	3.925	3.343	3.008	2.786	2.627	2.507	2.412	2.334	2.270	2.216	2.169	2.129	2.093	2.061	1.944	1.744	1.667	1.599
100	5.179	3.828	3.250	2.917	2.696	2.537	2.417	2.321	2.244	2.179	2.124	2.077	2.036	2.000	1.968	1.849	1.640	1.558	1.483

(b) $\alpha = 0.050$

ν_2 \ ν_1	1	2	3	4	5	6	7	8	9	10	11	12	13	14	15	20	40	60	100
1	161.4	199.5	215.7	224.6	230.2	234.0	236.8	238.9	240.5	241.9	243.0	243.9	244.7	245.4	245.9	248.0	251.1	252.2	253.0
2	18.51	19.00	19.16	19.25	19.30	19.33	19.35	19.37	19.38	19.40	19.40	19.41	19.42	19.42	19.43	19.45	19.47	19.48	19.49
3	10.13	9.552	9.277	9.117	9.013	8.941	8.887	8.845	8.812	8.786	8.763	8.745	8.729	8.715	8.703	8.660	8.594	8.572	8.554
4	7.709	6.944	6.591	6.388	6.256	6.163	6.094	6.041	5.999	5.964	5.936	5.912	5.891	5.873	5.858	5.803	5.717	5.688	5.664
5	6.608	5.786	5.409	5.192	5.050	4.950	4.876	4.818	4.772	4.735	4.704	4.678	4.655	4.636	4.619	4.558	4.464	4.431	4.405
6	5.987	5.143	4.757	4.534	4.387	4.284	4.207	4.147	4.099	4.060	4.027	4.000	3.976	3.956	3.938	3.874	3.774	3.740	3.712
7	5.591	4.737	4.347	4.120	3.972	3.866	3.787	3.726	3.677	3.637	3.603	3.575	3.550	3.529	3.511	3.445	3.340	3.304	3.275
8	5.318	4.459	4.066	3.838	3.687	3.581	3.500	3.438	3.388	3.347	3.313	3.284	3.259	3.237	3.218	3.150	3.043	3.005	2.975
9	5.117	4.256	3.863	3.633	3.482	3.374	3.293	3.230	3.179	3.137	3.102	3.073	3.048	3.025	3.006	2.936	2.826	2.787	2.756
10	4.965	4.103	3.708	3.478	3.326	3.217	3.135	3.072	3.020	2.978	2.943	2.913	2.887	2.865	2.845	2.774	2.661	2.621	2.588
11	4.844	3.982	3.587	3.357	3.204	3.095	3.012	2.948	2.896	2.854	2.818	2.788	2.761	2.739	2.719	2.646	2.531	2.490	2.457
12	4.747	3.885	3.490	3.259	3.106	2.996	2.913	2.849	2.796	2.753	2.717	2.687	2.660	2.637	2.617	2.544	2.426	2.384	2.350
13	4.667	3.806	3.411	3.179	3.025	2.915	2.832	2.767	2.714	2.671	2.635	2.604	2.577	2.554	2.533	2.459	2.339	2.297	2.261
14	4.600	3.739	3.344	3.112	2.958	2.848	2.764	2.699	2.646	2.602	2.565	2.534	2.507	2.484	2.463	2.388	2.266	2.223	2.187
15	4.543	3.682	3.287	3.056	2.901	2.790	2.707	2.641	2.588	2.544	2.507	2.475	2.448	2.424	2.403	2.328	2.204	2.160	2.123
20	4.351	3.493	3.098	2.866	2.711	2.599	2.514	2.447	2.393	2.348	2.310	2.278	2.250	2.225	2.203	2.124	1.994	1.946	1.907
40	4.085	3.232	2.839	2.606	2.449	2.336	2.249	2.180	2.124	2.077	2.038	2.003	1.974	1.948	1.924	1.839	1.693	1.637	1.589
60	4.001	3.150	2.758	2.525	2.368	2.254	2.167	2.097	2.040	1.993	1.952	1.917	1.887	1.860	1.836	1.748	1.594	1.534	1.481
100	3.936	3.087	2.696	2.463	2.305	2.191	2.103	2.032	1.975	1.927	1.886	1.850	1.819	1.792	1.768	1.676	1.515	1.450	1.392

索引

数字・欧文・記号

1 標本 t 検定 103
25 パーセント点 ➡ 第 1 四分位点
2 項分布 59
2 標本 t 検定 125
50 パーセント点 ➡ 中央値
75 パーセント点 ➡ 第 3 四分位点
F 検定 186
F 値 186
F 分布 135
F 分布表 135
p 値 91
t 分布 83
t 分布表 84, 104

あ行

イェーツの補正 154
1 標本 t 検定 103
因果関係 144
上側信頼限界 79
ウェルチ検定 129
F 検定 186
F 値 186
F 分布 135
F 分布表 135
円グラフ 23
応答変数 144, 180
オッズ 158
オッズ比 159
帯グラフ 24
折れ線グラフ 21

か行

カイ 2 乗検定 152, 155
カイ 2 乗値 ➡ カイ 2 乗統計量
カイ 2 乗統計量 153
カイ 2 乗分布 85, 86
カイ 2 乗分布表 106
回帰係数 180
回帰直線 180
回帰パラメータ ➡ 回帰係数
回帰分析 180
回帰分析の変動分解 185
階級 18
介入 72
介入研究 ➡ 実験研究
ガウス分布 ➡ 正規分布
確率 39
確率関数 48
確率分布 48
　　　離散型—— 48
　　　連続型—— 52
確率変数 48
　　　離散型—— 48
　　　連続型—— 52
確率密度関数 52
片側対立仮説 91
傾きに対する信頼区間 189
間隔尺度 2
観察研究 72
観測値 76
幾何平均 22
棄却域 92
棄却限界値 92
擬似相関関係 171
擬似的な関係 147
規準化 ➡ 標準化
期待値 50
　　　離散型確率分布における—— ... 50
　　　連続型確率分布における—— ... 55
期待度数 153
帰無仮説 90

帰無分布	91
級分け	18
行	142
行周辺度数	142
共分散	163, 165
局所管理	73
寄与率	184, 185
区間推定 ➡ 信頼区間	
組み合わせ	70
クラスター抽出法	75
クラメル係数	157
繰り返し	73
クロス集計表	142
系統抽出法	74
決定係数 ➡ 寄与率	
検出力	94
検定	76
傾きに対する――	191
切片に対する――	190
検定統計量	91
交互作用	150
誤差	180
50パーセント点 ➡ 中央値	
個体	2
個体数 ➡ 標本サイズ	
根元事象	39

さ行

最小2乗法	181
最頻値	28
残差	180
算術平均 ➡ 平均値	
散布図	31
散布図行列	33
サンプル ➡ 標本	
サンプルサイズ ➡ 標本サイズ	
事象	39
指数	22
指数化	22
下側信頼限界	79
実験研究	72

質的変数	2
指標 ➡ 指数	
四分位範囲	7
従属変数 ➡ 応答変数, ➡ 応答変数	
出力変数 ➡ 応答変数	
受容域	92
順序尺度	2
順列	69
条件付き確率	43
シンプソンのパラドックス	146
信頼区間	78
信頼係数	78
推定	76
推定値	77
推定量	76
生起する	39
正規分布	62
正規分布表	64
正規母集団	76
積事象	41
切片に対する信頼区間	188
説明変数	144, 180
全事象	39
全体度数	142
選択バイアス	73, 74
層化	145
相加平均 ➡ 平均値	
層化無作為抽出法	75
相関	32
相関関係	32, 144
相関係数	167
相乗平均 ➡ 幾何平均	
相対度数	16
総度数 ➡ 全体度数	

た行

第1四分位点	7
第1種の過誤	93
第2四分位点 ➡ 中央値	
第2種の過誤	93
第3四分位点	7

第 3 の変数	147
対応があるデータ	111
対応のある t 検定	118
大数の法則	57
対立仮説	90
多重クロス集計表	145
多段階抽出法	75
単回帰分析	180
単純無作為抽出法	74
チェビシェフの不等式	56
中央値	4
中心極限定理	66
t 分布	83
t 分布表	84, 104
データ ➡ 観測値	
点推定値	77
点推定量	77
統計量	76
等分散性の検定	135
独立 2 標本	111
独立事象	42
独立性	42, 144
独立性の検定	152
独立変数 ➡ 説明変数	
度数	16
度数分布表	
質的変数における──	16
量的変数における──	18
度数分布表に基づく平均値	19

な行

75 パーセント点 ➡ 第 3 四分位点	
2 項分布	59
25 パーセント点 ➡ 第 1 四分位点	
2 標本 t 検定	125
入力変数 ➡ 説明変数	

は行

媒介的な関係	148
排反	42
箱髭図 ➡ ボックスプロット	
パラメータ	76
範囲	6
p 値	91
ヒストグラム	25
標準化	11, 63
標準正規分布	63
標準偏差	10
標本	72
標本空間 ➡ 全事象	
標本サイズ	2
標本比率	78
標本分布	78
標本平均	77
比例尺度	2
ファイ係数	157
フィッシャーの 3 原則	73
不偏性	77
不偏分散	77
分割表 ➡ クロス集計表	
分散	9, 50
離散型確率分布における──	50
連続型確率分布における──	56
分散分析表	186
分布 ➡ 確率分布	
平均値	3
ベイズの定理	44
ベルヌーイ試行	58
ベルヌーイ分布	58
ベーレンス-フィッシャー問題	131
偏差	9
偏差平方和	11
ベン図	40
変数	2
偏相関係数	172
変動係数	12
変動分解 ➡ 回帰分析の変動分解	
ポアソン分布	61
棒グラフ	20
母オッズ比に対する信頼区間	160
母集団	72

母集団分布 ··· 76
母数　➡　パラメータ
母相関係数に対する信頼区間 ··············· 176
母相関係数の差の検定 ·························· 174
ボックスプロット ·· 29
母比率 ··· 76
母比率に対する信頼区間 ························· 81
母比率の検定 ·· 97
母比率の差に対する信頼区間 ·············· 116
母比率の差の検定 ···································· 114
母分散 ··· 76
母分散に対する信頼区間 ························· 86
母分散の検定 ··· 106
母分散の比に対する信頼区間 ·············· 138
母平均 ··· 76
母平均に対する信頼区間
　　対応のある場合の—— ···················· 120
　　母分散既知の—— ······························· 82
　　母分散未知の—— ······························· 83
母平均の検定
　　母分散が既知での—— ···················· 101
　　母分散が未知での—— ···················· 103
母平均の差に対する信頼区間
　　母分散が既知での—— ···················· 124
　　母分散が未知で等分散での—— ···· 128
　　母分散が未知で不等分散での—— · 133
母平均の差の検定
　　母分散が既知での—— ···················· 122
　　母分散が未知で等分散での　➡　2標本 t検定
　　母分散が未知で不等分散での—— ···➡ ウェルチ検定

ま行

密度関数　➡　確率密度関数
無作為化 ··· 73
無作為抽出 ··· 72
無相関性の検定 ·· 173
名義尺度 ·· 2
モード　➡　最頻値

や行

有意 ··· 92
有意確率　➡　p値
余事象 ··· 40

ら行

ランダムサンプリング　➡　無作為抽出
両側対立仮説 ··· 91
量的変数 ·· 2
累積確率 ··· 50
累積分布関数
　　離散型確率分布における—— ········· 50
　　連続型確率分布における—— ········· 54
列 ·· 142
列周辺度数 ··· 142
連関関係 ··· 144
レンジ　➡　範囲
連続性補正 ··· 98

わ行

和事象 ··· 41

著者紹介

下川敏雄　博士（工学）
1999 年　関西大学総合情報学部総合情報学科卒業
2004 年　大阪大学大学院基礎工学研究科情報数理系専攻博士後期課程修了
現　在　和歌山県立医科大学臨床研究センター副センター長
　　　　和歌山県立医科大学医学部教授

NDC417　239p　21cm

実践のための基礎統計学

2016 年 10 月 21 日　第 1 刷発行
2023 年 9 月 4 日　第 6 刷発行

著　者　下川敏雄
発行者　髙橋明男
発行所　株式会社　講談社
　　　　〒112-8001　東京都文京区音羽 2-12-21
　　　　　販売　(03)5395-4415
　　　　　業務　(03)5395-3625

編　集　株式会社　講談社サイエンティフィク
　　　　代表　堀越俊一
　　　　〒162-0825　東京都新宿区神楽坂 2-14　ノービィビル
　　　　　編集　(03)3235-3701

本文データ制作　藤原印刷株式会社
印刷・製本　株式会社ＫＰＳプロダクツ

落丁本・乱丁本は，購入書店名を明記のうえ，講談社業務宛にお送りください．送料小社負担にてお取替えします．なお，この本の内容についてのお問い合わせは，講談社サイエンティフィク宛にお願いいたします．定価はカバーに表示してあります．

©Toshio Shimokawa, 2016

本書のコピー，スキャン，デジタル化等の無断複製は著作権法上での例外を除き禁じられています．本書を代行業者等の第三者に依頼してスキャンやデジタル化することはたとえ個人や家庭内の利用でも著作権法違反です．

JCOPY　〈(社) 出版者著作権管理機構 委託出版物〉

複写される場合は，その都度事前に（社）出版者著作権管理機構（電話 03-5244-5088，FAX 03-5244-5089，e-mail: info@jcopy.or.jp）の許諾を得てください．

Printed in Japan
ISBN 978-4-06-156562-3